KB022843

식물을 위한 변론

In Defense of Plants:
An Exploration into the Wonder of Plants

In Defense of Plants

Originally published by Mango Publishing Group, a division of Mango Media Inc.

식물을 위한 변론

무자비하고 매력적이며 경이로운
식물 본성에 대한 탐구

In Defense of Plants:
An Exploration into the Wonder of Plants

맷 칸데이아스 지음 · 조은영 옮김

타인의사유

머리말

내가 식물을 변론하는 이유

바쁘게 돌아가는 세상에서 식물은 제 목소리를 내지 못한다. 사실 내가 얘기를 나눠 본 사람들 대부분이 식물을 따분하게 생각했다. 바깥을 나가 봤자 기껏해야 초록색 생울타리가 전부라는 것도 슬픈 현실이다. 물론 식물이 주목받을 때도 있다. 울타리를 타고 올라가는 덩굴옻나무나 정돈된 잔디밭에서 반항하듯 꽃대를 올린 민들레처럼, 뭔가 문제를 일으킬 때가 그렇다. 아니면 라벤더, 옥수수, 바나나처럼 큰 쓸모가 있을 경우거나. 경제적 이득이든 의학적 효능이든, 아무튼 인간은 식물이 뭔가를 줄 때만 관심을 가지는 것 같다.

참으로 기막힌 노릇이다. 식물은 동물이 바다 밖으로 기어 나오기도 전에 이미 육지를 정복한 대단한 생물이 아닌가. 식물도 다른 생물처럼 똑같이 생존을 위해 투쟁해 왔고, 땅에서 발을 떼지 못하는 불리한 조건으로 지금까지 번성했을 만큼 놀라운 방식으로 세상을 살아온 존재다. 내가 〈식물을 위한 변론(In Defense of Plants)〉 팟캐스트를 진행하면서 배운 게 있다면, 식물의 생명 활동, 생태, 진화에 대해 아주 조금의 지식만 갖춰도, 우리가 상상했던 것보다 식물이 훨씬 역동적임을 깨닫게 된다는 것이다. 그러나 애석하게도 그런 식물 이야기는 사람들의 입에 잘 오르내리지 않는다.

인터넷을 뒤지고 책을 펼쳐도 식물에 관한 인기 있는 문헌 대부분은 민속과 약초학이 중심이다. 예를 들어 흑곰에 대한 정보를 찾는다고 해 보자. 이럴 때 가장 널리 알려진 정보가 그걸 어떻게 토막 내어 내장을 처리한 다음 엑기스나 식품을 만드는지에 관한 것뿐이라면 어떨까? 분별 있는 사람이라면 이런 현실에 당연히 분개할 것이다. 저 동물은 인간에게 유용한 신체 부위 이상의 존엄 받아야 할 존재이니까. 하지만 그런 사람들도 식물에 대해서는 아무렇지 않게 다른 기준을 들이대고 만다. 식물에 대한 관심은 인간이 식물에 관해 제대로 알기도 전에 절정을 이룬 뒤 멈춰 버린 것 같다.

하지만 이미 과학은 식물이 새나 포유류처럼 카리스마 있는 생명체를 뒷받침하기 위해 조용히 존재하는 배경화면이 아님을 밝혀냈다. 식물 역시 생명의 드라마에서 능동적인 등장인물 중 하나다. 무엇보다도 식물은 우리가 아는 모든 생명을 책임진다. 지구의 모든 육상 생물 군계가 식물에서 시작하며, 수중 생물 군계도 예외는 아니다. 심해 열수구를 제외한 지구의 수생 시스템 전체가 조류(藻類), 해초, 식물성 플랑크톤, 혹은 육지에서 물에 씻겨 내려간 식물의 광합성에 의존한다.

그렇다. 이 모든 것의 중심에 광합성이 있다. 이 훌륭한 생물학적 루브 골드버그 장치(미국 만화가 루브 골드버그가 고안한 연쇄 반응 기계-옮긴이) 덕분에 식물은 지구에서 가장 가까운 항성의 에너지를 포획해 물과 이산화탄소를 쪼갠 다음, 포도당 같은 복잡한 유기 분자를 만들 수 있다. 광합성이 없으면 우리는 닫혀 있는 유한한 행성에 살고 있을 것이다. 아니, 까놓고 말해서 광합성이 없으면 우리는 여기에서 이렇게 숨 쉬고 있지도 못한다. 이렇게 인간의 이야기는 식물과 떼려야 뗄 수 없이 얽혀 있지만, 우리는 여전히 식물을 비활성 도구로 취급한다. 식물은 기겁할 속도로 움직여 사냥감을 붙잡기도 하고, 땅 속에서 치열한 화학전을 벌이기도 하지만, 우리는 이런 사실을 잘 모른다.

그래서 나는 아주 잠깐이라도 사람들이 내가 식물을 보는 것과 똑같은 눈으로 보길 바라는 마음에 이 책을 썼다. 바라건대 이 책을 읽고 단 몇 명이라도 식물에 제대로 빠졌으면 좋겠다. 주변에 식물 마니아가 많아질수록 지구는 큰 혜택을 볼 수 있으니까.

이 책에서 나는 식물이 세상에 대한 내 관점을 어떻게 바꾸었는지 이야기하고자 한다. 그 전에 책을 읽을 때 염두에 두길 바라는 몇 가지가 있다. 첫째, 책을 읽는 중에 누군가는 "왜 작가가 그 이야기를 빠뜨렸지?"라는 생각을 할지도 모른다. 만약 그렇다면 그것은 내가 정말 몰라서 그랬을 수도 있지만, 대개는 다음을 기약하며 애써 빼 버렸을 가능성이 크다. 책을 쓰는 내내 자연에서 끌어올 수 있는 사례와 사실이 끝도 없이 떠올라, 나는 이 모든 걸 한 권에 담을 수는 없다고 몇 번이고 스스로를 다독여야 했다. 그만큼 책을 쓰는 일은 매력적이면서도 부담스러웠다. 하지만 이 책은 완벽한 스토리를 들려주려고 쓴 것도 아니고 완전히 자전적인 내용도 아니다. 그보다는 내 여정과 경험이 담긴, 식물을 향한 일종의 송시로 보아주면 좋겠다.

둘째, 나는 대중과 소통하면서 늘 정확한 과학을 전달하려고 애쓰지만, 이 책은 교과서로서 쓰인 것은 아니다. 아주 오래전, 이름도 기억나지 않는 어느 현자가 내게 말하길, 과학 커뮤니케이터로 성공하려면 전달하는 이야기에 상상의 여지를 주어야 한다고 했다. 그 조언에 따라 나는 이 책에서 사용하는 언어적 표현에 일말의 자유를 주기로 했다. 다만 나 자신은 인간이 생각하는 어떤 형태로든 식물에게 의식이 있다고 믿지 않음을 명확히 밝힌다. 나는 토론의 주제로 식물의 의식을 논하는 것은 상상력의 부재에서 기인한다고 본다. 식물은 뇌가 없다. 신경계도 없다. 우리가 아는 한, 식물에 중앙 처리 장치 같은 것은 없다. 식물은 대개 화학물질이 확산하며 보내는 신호를 통해 작동한다. 그러므로 식물의 마음을 이해한다는 태도는 인간의 자기도취적 사고에서 비롯한 자만심의 소치다. 나는 이 책에서 오직 읽는 사람들이 좀 더 쉽게 식물을 받아들이는 데 도움이 된다고 판단할 때만 약간의 의인화를 허락했다. 어떤 측면에서든 거기에 편리한 비유 이상의 과도한 의미를 부여하거나 달리 해석하지 않으면 좋겠다.

셋째, 진화에는 작인(作因)이 없고, 진화는 계층적 과정이 아니다. 자연선택을 통한 진화는 현재 가용한 것과 함께 움직이면서, 제대로 작용하지 않는 것은 도태시키고 잘 작용하는 것은 번식할 때까지 살게 함으로써 보상을 준다. 진화는 생각도 감정도 없는 자연의 힘이다. 하지만 그렇다고 해서 자연 현상을 반드시 무미건조하게 표현하거나 지나치게 어려운 전문용어를 사용해 읽는 이들을 지루하게 만들고 싶지는 않았다. 무엇보다 독자들이 책을 덮으며 진화가 놀라운 방식으로 이 행성의 모든 생명체를 빚어 왔음을 느꼈으면 한다. 그러므로 만약 내가 이 책에서 발휘한 작은 융통성이 거슬린다면, 그런 이들을 기다리는 학술 서적은 널려 있으니 참고하길 바란다.

이제부터 믿을 수 없이 놀라운 유기체로서의 식물에 대한 칭송이 시작될 것이다. 모든 페이지는 내 개인적 발견과 과학의 경이로 가득 차 있으며, 이를 통해 조금이라도 일상에서 식물에 관심을 가지게 되길 바라 마지않는다. 하여 나는 감히 식물을 변론하고자 이 자리에 섰다.

차례

1장

식물에 매혹당하다

채석장과 루피너스 이야기

고백을 하나 할까 한다. 나도 예전에는 식물이 지루하다고 생각했었다. 게다가 나만 그런 것도 아니었다. 내 주변의 많은 이들이 그렇게 생각했다. 그렇다고 내가 자연을 사랑하지 않았다는 말은 아니다. 오히려 나는 늘 자연에 미쳐 있었다. 다만 야외에서의 내 관심은 곤충, 물고기, 도마뱀, 뱀처럼 움직이는 것들을 향해 있었다. 물고기는 내 첫 번째 집착의 대상이었다. 나는 할아버지를 따라 동네 개울에 가서 몇 시간씩 물고기를 잡다가 오곤 했다. 내게 물고기는 그저 딴 세상 생물 같았다. 내가 살 수 없는 공간에서, 내게 익숙한 팔다리와는 너무도 다른 형태와 구조를 하고 살아가기 때문이었다. 나는 물고기를 둘러싼 신비로운 수수께끼를 사랑했고 물고기에 대한 애정을 놓은 적이 없었다.

고등학교에 들어갈 무렵, 물고기에 대한 집착은 한층 무르익었다. 작은 내 방에 어항을 잔뜩 사다 놓는 바람에 전기요금 폭탄을 맞고 부모님의 분노를 살 정도였다. 그즈음 취미활동 역시 새로운 단계로 접어들었다. 나는 항상 물고기들이 원래 살던 환경을 그대로 만들어 주려고 애썼다. 그래서 토사물 색깔의 자갈이나 물거품이 올라오는 보물 상자 대신 부드러운 모래가 깔린 바닥과 무성한 초목을 선택하곤 했다. 하지만 어항에서 식물을 기르기는 여간 어렵지 않았다. 수생식물은 식물계에서도 특이한 위치에 있다. 수생식물의 선조는 고래처럼 원래 뭍에서 시작했는데(고래의 가장 가까운 친척은 하마이다-옮긴이), 물속에서 살아남기 위해 적응하면서 매우 까다로워졌다. 어항에서 수생식물 키우기는 10대의 불안정한 뇌와 턱없는 예산 탓에 버거워졌고, 결국 예전처럼 물고기가 내 관심을 독차지하게 되었다. 식물이 다시 내 삶에 진지한 관심을 일으킨 것은 몇 년이 지난 후였다.

대학에 진학하면서 비로소 나는 물고기를 키우는 취미와 자연을 연결하게 되었다. 나는 동물학을 전공하기로 하고 그중에서도 어류학으로의 진로를 진지하게 고민했다. 이후 몇 년간은 그 계획을 충실히 따라 무척추동물학, 기생충학, 어류학 등의 과목을 수강했고, 대체로 즐겁게 들었다. 고등학교에서는 아웃사이더 취급을 받았지만 대학에 와서 비로소 내가 있어야 할 곳을 찾은 것 같았다. 주변이 이미 나 같은 4차원 '덕후' 천지였으므로, 자연을 향한 열정과 충동을 애써 억누르지 않아도 되었다. 인생에서 처음으로 내가 바람직한 방향으로 가고 있다는 기분이 들었다.

그러다 어장에 현장 체험을 하러 갔던 날, 모든 것이 달라졌다. 나는 내가 비위가 약한 사람이라고는 생각해 본 적이 없었다. 도로에 죽어 있는 동물의 냄새도 그렇게 역하지 않았으니까. 하지만 그 검증되지 않은 자신감이 보란 듯이 무너졌다. 어장의 문을 열고 들어간 순간, 죽은 생선의 비린내가 온몸을 휘감았다. 일주일째 정전 중인 대형마트의 해산물 코너에 들어간 것 같았다. 결국 그곳을 다 돌아보지도 못하고 나와 버렸다. 그런 곳에서 평생 일해야 한다니, 어림도 없는 일이었다. 뜻밖의 깨달음과 함께 진로에 대한 모든 계획이 어그러졌다. 맙소사, 앞으로 뭐하고 살지?

수많은 고민 끝에 인생의 방향을 틀었다. 나는 다른 학교로 편입하고 동물학에서 생태학으로 전공을 바꾸었다. 한 친구와의 긴 대화 끝에, 자연에 대한 내 사랑이 개별 생물보다는 여러 생물이 어우러지는 생태계의 조화를 이해하는 데에 있음을 깨달았기 때문이다. 나는 어떻게 생물이 함께 어울리고, 진화를 이끄는 원동력이 무엇이며, 왜 어떤 곳에서는 이 동물을 볼 수 있고 다른 곳에서는 아닌지를 배우고 싶었다. 생물 사이의 상호작용을 연구하는 생태학은 내게 완벽한 주제였다. 생태학에 파고들수록 앞으로 다시는 심심할 일이 없겠다는 확신이 들었다. 세상에는 생태학자가 이미 알아낸 사실은 물론이고 아직 밝혀지지 않은 생물계의 수수께끼가 무궁무진했다. 식물은 아직 본격적으로 내 관심 영역에 들어오지 않았지만 적어도 생태학이 내 지평을 넓히고 있었다. 나는 어떻게 에너지가 환경 안에서 이동하는지에 집중했다. 예를 들어 먹이그물의 과학 원리는 왜 세상에 초식동물보다 식물이 많고, 육식동물보다 초식동물이 많은지를 가르쳐 주었다. 한 생물이 다른 생물을 먹을 때마다 먹히는 생물이 지니고 있던 에너지 일부가 소실된다. 따라서 에너지는 식물에서 초식동물을 거쳐 포식자로 옮겨 가면서 줄어든다. 이런 식으로 생태학은 생명체의 유기적 관계에 대한 크나큰 깨달음을 주었다.

내 삶을 영원히 바꾼 일을 찾은 것도 이 무렵이다. 시작은 복원생물학 수업이었다. 강의를 맡은 크리스 라슨 교수는 캐나다 억양이 강한 친절한 사람이었다. 그는 세미나 스타일로 수업을 진행했는데, 원래 이 수업은 대학원생 위주의 강의였고 나는 세 명밖에 없던 학부생 중 하나였다. 매주 책을 지정해 읽어 가는 게 과제였는데, 그중 하나가 윌리엄 K. 스티븐스이라는 과학 전문 기자가 쓴 『참나무 밑의 기적: 아메리카에서 자연의 부활』이었다. 이 책은 시카고에서 프레리(대초원)를 복원하려는 풀뿌리 운동의 고난과 역경의 길을 상세하게 다루었다. 생물학도라면 이 학문에서 다루는 대단히 중요한 주제 중 하나가 인간에 의한 생물 서식지 파괴임을 잘 알 것이다. 너무 만연한 현실이라 뻔하고 진부하게 보일 정도다. 그러나 저 책은 생물의 서식지를 되돌릴 수 있다고 믿는 사람들을 기리고 있었다. 퍼즐 조각을 다시 하나로 맞추려고 애쓰는 이들 말이다. 학기가 계속되면서 나는 생태 복원에 빠져들었다. 지구의 손상된 지역을 잘 달래어 다시금 기능하는 생태계로 만든다는 생각에, 그저 즐겁고 신나기만 했다. 나는 수업 시간에 배운 이론과 원리를 어떻게 실제에 적용할지를 배웠고, 모든 것이 자연의 연결성을 이해하는 것에 달렸음을 깨우쳤다.

그 학기가 끝날 무렵, 나는 또 한 가지 중요한 결론에 도달했다. 나는 직장이 필요했다. 반려동물 가게에서 하는 아르바이트만으로는 부모님 집에서 나와 독립할 수 없었다. 마침 운 좋게 동기인 애슐리가 졸업 후 타 지역으로 이사하면서 자신의 후임을 찾고 있다는 얘기를 전해 들었다. 애슐리가 하던 일은 석회암 채석장에서 채굴 회사가 환경법을 잘 지키는지 확인하는 거라고 했다. 당시 나는 자칭 환경 운동가로 거듭나 우쭐해하던 참이라 채굴 회사에서 일한다는 게 썩 내키지 않았다. 그러나 일단 이성이 시키는 대로 그 일에 대해 좀 더 알아보기로 했다. 어느 오후 강의가 끝난 후, 나는 애슐리를 만나 업무에 대한 전반적인 설명을 들었다. 대부분 지극히 일반적인 일이었다. 채석장 주변의 개천에 퇴적물 배출을 제한하고, 폭파로 인해 인근 주택가의 기반이 무너지는 일이 없도록 지진계를 설치하고, 차에 먼지가 쌓인다고 민원을 제기하는 동네 주민에게 무료 세차권을 나눠 주는 일이었다. 썩 구미가 당기는 직장은 아니었다. 애슐리가 저 업무 외에 진행되는 곁다리 프로젝트를 얘기할 때까지는 말이다. 왜 애슐리가 그 얘기부터 꺼내지 않았는지 모르겠다.

당시 회사는 이미지 개선을 위해 일부 현장에서 서식지 복원 프로젝트를 추진하고 있었다. 채굴 작업과는 성격이 아주 다른 일이었다. 대개 채굴 회사는 채석이 끝난 지역을 두 가지 방식으로 처리한다.

물을 채워 깊은 못으로 만들거나, 혹은 채석장의 깊이가 얕으면 흙으로 메우고 잔디를 심어 주택 개발자에게 판다. 그런데 이 회사가 소유한 부지 중에 서식지 복원에 적당한 장소가 있었던 모양이다. 그곳은 뉴욕주 서부의 남쪽에 위치한 오래된 모래자갈 채석장이었다. 그곳에 쌓인 모래자갈은 과거 그 지역을 덮었던 빙하가 남긴 것이었다. 주위의 토양은 대부분 무거운 점토와 돌로 된 빙하 퇴적물로 구성된 반면, 이 땅은 엄청난 모래자갈 더미가 가득 했다. 그 결과 그곳에서 흥미로운 서식지 복원을 시도할 수 있게 되었고, 회사는 생물학자들에게 도움을 요청했다. 그렇게 독특한 복원 계획이 세워졌다.

이 채석장에서 진행 중인 복원 프로젝트에는 리카이이데스 멜리사 삼벨리스(*Lycaeides melissa samuelis*)라는 학명을 가진 작은 부전나비를 위한 서식지가 포함되어 있었다. 영어권에서 카너 블루(Karner blue)라는 일반명으로 불리는 이 나비는 크기는 작지만 굉장히 아름답다. 날개는 분을 바른 듯한 푸른 비늘로 덮여 있고 가장자리에는 새까만 테두리가 있다. 양쪽 날개 아래쪽으로는 주황색의 작은 초승달 무늬가 줄지어 있다. 이 조그만 나비를 자세히 관찰하기는 꽤나 고생스럽지만 그조차 즐거운 일이다. 그러나 안타깝게도 이 작고 아름다운 곤충은 산업화된 인간 사회에서 잘 지내지 못했다. 이 나비 개체군은 한때 뉴욕과 뉴저지 해안 지역에서부터 미네소타까지 넓게 분포했지만, 오늘날에는 그중 일부 지역에서만 발견되고, 그 규모도 축소되어 소수의 격리된 개체군으로 존재한다. 지구의 다른 많은 종처럼 카너 블루 개체군의 감소는 대부분 서식지 파괴로 인해 일어났다.

서식지 파괴는 여러 형태로 발생하는데, 특히 카너 블루처럼 복잡한 생태적 조건을 요구하는 종에게는 더 치명적이다. 먼저 벌목, 경작, 주택 개발로 서식지가 쪼개지면서 생물이 살기에 적합한 땅이 점점 줄어든다. 그렇게 축소된 땅에는 침입종이 잠식하여 토종 생물을 몰아내기 쉽다. 한편 산불의 문제도 있다. 미국 캘리포니아나 오스트레일리아 등지에서 발생하는 대형 산불은 사람과 자연을 무차별적으로 파괴하며 재앙을 일으키지만, 실제 지구의 많은 생태계는 불이 있어야 지속된다. 그러나 안타깝게도 인간은 산불을 어떻게 해서든 막아야 하는 부정적인 자연 현상으로 봤고, 산과 들에 불이 나는 것을 막기 위해 안간힘을 써 왔다.

카너 블루 나비가 사는 서식지도 마찬가지였다. 역사적으로 이 지역들에는 몇 년에 한 번씩 소규모 산불이 일어나곤 했다. 그러면 땅에 쌓인 낙엽과 잔가지들이 어느 정도 청소되었다. 그 말은 속수무책으로 불이 번져 나가는 대형 산불을 일으킬 연료를 미리 제거했다는 뜻이다. 또한 불은 열에 잘 적응하지 못한 나무를 죽이는데, 그러면서 공간이 개방되어 나무가 서로 널찍하게 거리를 둘 수 있었다. 덕택에 숲 바닥까지 빛이 도달함은 물론, 열에 강한 나무들이 수를 늘리는 기회가 되었다. 이 모든 과정이 결국 카너 블루 같은 종이 살아갈 곳을 넉넉히 제공했다. 하지만 오늘날 건강한 산불의 부족으로 인해, 현재 남아 있는 이 나비의 서식지는 외래 식물이 침입하면서 질식하고 있다. 침입종 잠식은 생태계 내부의 전체적인 역학을 뒤바꾸었고, 무엇보다 카너 블루 나비의 번식에 중요한 식물인 루피누스 페렌니스(*Lupinusperennis*, 이하 루피너스)를 몰아냈다.

콩과의 여러해살이풀인 루피너스는 아주 멋진 식물이다. 다 자라면 키가 60센티미터까지 크고, 털 달린 초록색 부채처럼 생긴 손바닥 모양의 사랑스러운 복엽이 달린다. 번식기에 들어가면 식물의 중심에서 꽃대가 올라온다. 꽃대 위에서 아래까지, 나비처럼 생긴 보라색 혹은 푸른색 꽃이 빼곡히 덮이며 멀리서부터 곤충을 끌어들인다.

꽃이 핀 들판은 그야말로 장관이다.

곤충은 대부분 전문종이다. 이는 아무거나 먹는 게 아니라 소수, 심지어 한 종에 의지해 먹고 번식하며 살아간다는 뜻이다. 카너 블루 나비도 그런 종의 하나이다. 카너 블루 애벌레는 루피너스 이파리만 먹는다. 다른 식물로는 대체가 되지 않는다. 따라서 한 지역에서 루피너스가 사라지면 카너 블루 나비도 사라진다. 이것이 채석장 복원 사업의 핵심이었다. 애슐리는 애써 설득할 필요가 없었다. 나는 바로 지원했고 몇 주 후 그곳에서 일하기 시작했다.

나는 마침내 직접 나설 수 있는 일이 생긴 것에 흥분했다. 환경법과 관련된 업무는 반복적으로 진행하는 간단한 일이라 크게 신경 쓸 게 없었다. 그래서 나는 카너 블루 나비를 위한 서식지 복원에 힘을 쏟았다. 프로젝트가 성공하려면 우선 그 땅에서 카너 블루 유충이 살 수 있어야 했다. 카너 블루 유충은 작고 통통한 에메랄드빛 애벌레로, 자세히 보면 귀여운 구석이 있다. 이 애벌레는 제 몸을 지킬 방어 수단이 마땅치 않다. 쏘는 털이 자라지도 않고 피부에 독을 발라 두거나 고약한 냄새를 풍기지도 않는다. 배고픈 새가 얼씨구나 하고 달려들 만한 맛 좋은 간식이다. 그렇다고 전혀 방어력이 없는 것은 아니다. 사실 그 반대다. 생태적 측면에서 카너 블루 애벌레의 가장 멋진 점은 개미와 팀을 이룬다는 것이다.

개미집을 건드려 본 적이 있다면 개미의 공격성을 잘 알 것이다. 개미는 제집과 먹이원을 아주 적극적으로 방어한다. 진화의 역사 속에서 카너 블루 나비와 그 가까운 친척들은 개미가 제 먹이원을 필사적으로 지키는 습성을 이용해 공생 관계를 맺었다. 카너 블루 애벌레

루피너스가 활짝 핀 들판. 루피너스가 없으면 카너 블루 나비도 사라진다.

의 엉덩이를 보면 작은 분비샘이 있는데 거기에서 당분, 아미노산, 물이 잔뜩 든 특별한 액체가 분비된다. 개미는 이 애벌레를 훌륭한 먹이원으로 생각하게 되었고 그때부터 애벌레를 보살피기 시작했다. 포식성 곤충, 거미, 새처럼 애벌레를 위협하는 것들은 우선 개미 부대와 맞설 준비를 해야 한다. 개미의 방어율은 꽤 높아서, 개미가 돌보는 애벌레는 그렇지 않은 애벌레보다 생존 확률이 67퍼센트가량 더 높다. 이 관계는 단순한 물리적 방어를 넘어선다. 개미는 인구 밀도가 높은 군체를 이루고 살기 때문에 곰팡이를 비롯한 미생물의 공격에 취약하다. 이에 제 몸을 보호하기 위해 개미는 몸의 후늑막 분비샘에서 항미생물 액체를 분비해 온몸에 문지른다. 개미가 돌보는 과정에서 이 액의 일부가 애벌레에게도 묻으므로, 개미는 카너 블루가 병균과 싸우는 것도 돕는 셈이다.

자연 다큐멘터리가 먼 오지의 동물만 다루는 건 어처구니없는 일이다. 마치 자연에서 발생하는 모든 흥미로운 일들이 깊은 정글이나 아프리카 사바나가 독점하는 양 말이다. 나는 수없이 많은 놀라운 생태계의 상호작용이 우리 집 뒤뜰에서 일어난다는 사실을 배웠다. 환경에 대한 내 관심을 채우기 위해서 더는 먼 곳에서 헤맬 필요가 없었다. 나는 주변에서 일어나는 일들에 집중했다. 이 놀라운 생태적 관계를 배우면서 나는 카너 블루 복원 프로젝트에 푹 빠지고 말았다. 복원 사업이 성공하도록 최선을 다하고 싶었다. 그런데 얼마 지나지 않아 다른 생각이 떠올랐다. 루피너스가 없었다면 애초에 개미와 나비 애벌레의 관계는 가능하지 않았을 거라는 점이다. 그것이야말로 프로젝트 성공의 핵심이었다.

복원 현장에 처음 방문했을 때 나는 이미 어느 정도 진전이 있는 것을 보고 깜짝 놀랐다. 2008년 어느 초봄의 아침, 주차장에 차를 대고 프로젝트 책임자 마이크 마이어스와 인사를 나누었다. 키가 크고 수염을 기른 그는 말씨가 부드럽고 상냥했으며 토종 수분 매개자를 좋아하는 사람이었다. 인사를 나누자마자 그는 곧장 이 복원 현장의 배경을 설명했다. 카너 블루 나비 복원도 마이크의 머리에서 나온 작품이었다. 물론 회사에서 장소를 제공하고 복원에 들어가는 돈을 댔기에 가능한 사업이었겠지만, 채굴이 끝나 버려진 모래자갈 구덩이의 진정한 잠재력을 깨달은 사람은 마이크였다.

이야기를 나누면서 프로젝트 전반을 파악하던 나는 자리를 옮겨 마이크와 함께 복원 지역을 살피기 시작했다. 큰 둔덕 하나를 넘고 나니 놀라운 광경이 펼쳐졌다. 아래쪽에 작은 못이 있었는데 채석이 한창이던 시절의 잔해였다. 물가에는 부들이 자라고 찌르레기사촌과의 붉은어깨검은새가 짝을 부르는 소리가 들렸다. 발밑으로는 비탈을 따라 야생 딸기종이 밭을 이루었다. 마이크가 허리를 숙여 딸기 몇 알을 따서 건네더니, 웃으며 웅덩이 반대편을 가리켰다. 그쪽 둔덕은 온통 화려한 색채로 장식되어 있었다. 2년 전, 그 둔덕에 가뭄에 강한 여러 토종 야생화 종자를 뿌렸다고 했다. 원래 모래 토양은 영양이 부족한 것 말고도 물을 오래 머금지 못하는 문제가 있다. 낙엽과 죽은 나무가 분해되어 생긴 유기 물질이 없으면 비가 내리자마자 흙에서 물이 빠져 나가기 때문이다. 모래땅에서 자라는 식물은 뿌리가 말라도 버틸 수 있어야 한다. 이어서 마이크는 2년 전 씨를 뿌린 것이 큰 성과를 거두어 '수분 매개자 서식지 상'을 수상했으며, 이 방식을 널리 확장하여 적용할 수 있어서 몹시 흥분된다고 말했다. 그렇게 그가 설명을 늘어놓는 가운데, 주변 생명의 흔적이 눈에 들어오기 시작했다.

벌과 나비가 만개한 꽃을 찾아 날아다녔고, 맨땅의 높은 지형을 이용하려는 여우와 코요테의 발자국이 보였다. 우리는 못 가장자리까지 걸어 내려갔는데 물속에서 두꺼비 올챙이가 꼬물거리고 있었다. 내 안의 이상주의적 환경론자는 놀라서 말이 나오지 않았다. 노천 광산은 인간이 발명한 가장 파괴적인 기술이다. 채굴 회사가 광물이 묻힌 지질층에 접근하려고 땅의 가장 위층에 있는 표토를 죄다 걷어 내기 때문이다. 그러면 표토와 더불어 그 안에 살던 식물, 미생물, 곤충이 모두 사라진다. 한때 그곳을 집이라 부르던 생명체가 깡그리 제거되는 것이다. 하지만 이곳에서 나는 주변 경관에 맞서 꿋꿋이 살아가는 생명의 능력을 볼 수 있었다. 그렇다고 내가 야생을 파괴하는 행위를 옹호하는 것은 아니니 오해하지 마시길. 나는 우리 종이 희망이란 걸 갖고 싶다면 무슨 수를 써서라도 야생 공간을 보호해야 한다고 굳게 믿는다. 그러나 이 채석장은 적어도 우리가 망가진 지구의 아주 작은 조각이나마 되살릴 수 있음을 보여주는 직접적인 증거였다.

우점하는 식생은 낯설게 생긴 풀이었다. 띄엄띄엄 조밀한 다발로 수풀을 이루고 있었다. 그사이의 빈터에는 정체성이 모호한 아름다운 야생화가 자랐다. 궁금한 것투성이였던 나는 이 장소가 어색해 보이는 이유를 물었다. 그러자 가뭄이 쉽게 드는 모래 토양의 특성상 이곳 사람들에게 좀 더 익숙한 북방형 목초를 심어서는 문제를 해결할 수가 없었고, 그 때문에 남방형 목초로 이루어진 들판을 조성하게 되었다는 게 마이크의 설명이었다. 뉴욕주 서부처럼 시원하고 축축한 지역에서는 쉽게 볼 수 없는 종이었다. 그중 흔히 인디언풀이라고 부르는 소르그하스트룸 누탄스(*Sorghastrum nutans*)는 키가 껑충하게 크고 청록색 잎과 황갈색 꽃을 피우는 볏과 식물이었고, 쇠풀속의 스키자키리움 스코파리움(*Schizachyrium scoparium*)은 전체적으로 붉고 푸른 기가 도는 작고 산만해 보이는 식물이었다. 둘 다 생전 처음 보는 종이었다. 나는 내 무지함이 좀 부끄러웠다. 이 복원 프로젝트를 맡아서 일하게 될 사람이 '북방형' 혹은 '남방형' 목초라는 말을 들어본 적도 없었으니 말이다. 마이크가 웃으며 초본 생물학의 기초를 간단히 설명해 주었다.

식물은 기체 교환과 수분 소실의 균형을 맞춰야 한다. 이 과정은 둘 다 잎과 줄기의 기공에서 일어난다. 기온이 올라가면 기공을 통해 물이 더 빨리 증발한다. 그러면 식물은 탈수되지 않으려고 이 구멍을 막는다. 하지만 기공을 닫으면 잎으로 들어오는 이산화탄소 공급이 차단되고, 또 동시에 잎에서 생산된 산소가 빠져나가지 못해 산소 농도가 높아진다. 산소가 쌓이면 루비스코(RuBisCO)라는 효소의 활동으로 식물에 심각한 문제가 일어난다. 원래 루비스코는 이산화탄소에서 탄소를 취해 당을 만드는 일을 돕는다. 루비스코는 지구에서 가장 양이 많은 효소일 뿐 아니라 광합성에서의 역할 때문에 세상에서 가장 중요한 효소이기도 하다. 그러나 결코 효율성이 뛰어난 물질은 아니다.

루비스코는 이산화탄소뿐만 아니라 거의 비슷한 비율로 산소와도 결합하는데, 식물 입장에서는 결코 좋은 특성이 아니다. 루비스코가 산소와 결합하면 독성 물질이 만들어지기 때문이다. 식물이 이 물질을 제거하려면 에너지가 많이 들어간다. 수십억 년 전 광합성이 처음 진화했을 때 지구의 대기는 지금보다 이산화탄소가 훨씬 많았다. 즉 루비스코가 결합할 이산화탄소가 항상 넉넉했다는 뜻이다. 하지만 광합성 생물이 성공하면서 오늘날 대기 중에는 전보다 산소가 훨씬 많아졌다. 안타깝게도 산소 농도의 증가가 문제를 일으킨 시기에 루비스코는 이미 광합성 생물이 사용하는 효소로 자리 잡아 버렸다.

그게 풀과 무슨 상관이 있냐면, 광합성 과정에서는 산소가 부산물로 만들어진다. 이는 그 산소가 잎 속을 돌아다니며 언제든 루비스코에 붙잡힐 수 있다는 말이다. 다시 말하지만 루비스코가 산소와 결합하면 독성 물질이 만들어지므로 문제가 된다. 그런데 남방형 목초는 특별한 광합성 구조가 진화한 덕분에 이 골칫거리를 성공적으로 처리해 왔다. 남방형 목초의 광합성 기계는 잎맥을 에워싸는 유관속초세포라는 조밀한 고리 세포에 집중되었다. 또한 기체 형태의 이산화탄소를 직접 사용하는 대신, 밤에 기공을 열어 받아들인 이산화탄소를 몇 종류의 유기산으로 바꾸고 그 형태로 유관속초세포에 옮겨 보관했다가 낮에 사용한다. 자동차 내연기관의 과급기가 산소를 엔진의 연소실에 밀어 넣어 동력을 높이는 과정이 식물에서 일어난다고 생각하면 된다. 기체가 아닌 유기산의 형태로 고정된 탄소를 사용하므로 남방형 목초는 뜨거운 낮에 기공을 닫아 두고도 얼마든지 광합성을 할 수 있다. 즉 여름의 한낮 더위에 기공을 닫아 수분 소실을 줄이면서도 산소가 빠르게 축적될 위험을 감당하지 않아도 된다는 말이다. 이 방식은 건조한 환경에서 특히 성공적이라 전 세계 19개 식물 과에서 독립적으로 진화했다고 추정된다.

반대로 북방형 목초는 그런 특수한 광합성 장치가 없다. 북방형 목초의 광합성 기계에는 루비스코가 사용할 탄소를 농축하는 과급기가 없는 것이다. 북방형 목초가 식량을 제조하고 싶으면 기공을 열어 이산화탄소 농도를 높여야 한다. 기공을 열고 있다는 것은 귀중한 수분을 날려 버린다는 뜻이기도 한데, 이 현상은 기온이 올라갈수록 악화된다. 탈수가 감지되면 북방형 목초는 기공을 닫고 이산화탄소의 공급을 차단한다. 하지만 그렇다고 광합성이 멈추는 것은 아니므로

풀이 얼마나 아름다울 수 있는지를 보여주는 남방형 목초 스키자키리움 스코파리움.

잎 안에서 산소의 농도가 높아지면서 루비스코가 이산화탄소 대신 산소에 결합하는 비율도 높아지고, 그 결과 앞서 말한 독성 물질이 쌓이게 된다.

광합성 장비에서 남방형과 북방형 목초의 이런 큰 차이 때문에 북방형 목초는 따뜻하고 건조한 환경에서 더 쉽게 밀려난다. 반면 가뭄에 견디는 능력 덕분에, 남방형 목초는 이 뜨겁고 건조한 노천 갱도에서 복원 과정의 시동을 걸 완벽한 후보가 되었다. 직접 돌아보고 나니 그 과정이 놀라울 정도로 잘 작동하고 있음을 알 수 있었다.

마이크와 걸어가며 나는 점점 조급해졌다. 카너 블루 나비와 루피너스 이야기를 계속 들은 터라 서둘러 직접 보고 싶었다. 나는 마이크에게 루피너스를 보여 달라고 부탁했다. 그를 따라 복원 현장 한쪽 모퉁이로 가니, 수풀 한가운데 자리한 루피너스 한 포기가 보였다. 이미 꽃은 지고 난 후였지만 중앙에서 올라온 단단한 꽃대에 털이 난 콩깍지들이 달려 있었다. 심지어 어떤 콩깍지는 이미 옆으로 터진 후 거칠게 뒤로 말린 상태였다. 마이크에 따르면 그게 이 식물이 종자를 퍼트리는 방식이었다. 콩깍지 안의 씨앗이 충분히 익으면 깍지의 벽이 점점 말라 장력이 쌓이다가 마침내 소리가 들릴 정도로 크게 폭발해 씨앗을 주변에 투척한다고 했다. 대부분의 종자들이 이런 식의 탄도학적 방식으로 어미 식물에게서 벗어나 멀리 날아간다.

나는 주위를 살피며 아기 루피너스가 없는지 찾기 시작했으나 금세 포기했다. 이 근방에서는 번식하는 것 같지 않았다. 마이크는 여기가 내가 투입될 곳이라고 했다. 그가 지금까지 진행된 루피너스 복원 과정을 설명했는데 솔직히 조금 실망스러웠다. 운이 좋지 못한 탓

인지 내 눈앞에 있는 저 큰 식물이 이곳에 뿌리 내린 처음이자 유일한 개체였다. 루피너스가 이곳에서 자랄 수 있는지 몇 년 전에 시험 삼아 심은 것인데, 이 개체는 잘 생장했지만 다른 루피너스가 없었기에 수분 성공률은 낮았다.

초기에는 씨를 뿌리는 방식도 체계적이지 않았다. 복원팀은 몇 번 정도 맨땅에 씨를 흩뿌려 봤으나 소용없었다. 대부분 발아하지 않았고 싹이 나와도 오래 살지 못했다. 다음에는 방식을 바꿔 모판에 씨를 심어 발아시키고, 몇 주 후에 현장에 옮겨 심었다. 모판에서는 제법 잘 자랐지만 옮겨 심는 일은 복원 과정의 또 다른 병목 지점이었다. 마이크의 말을 빌리면 "아기 루피너스를 죽이는 방법만 일부러 골라서 시도한 것 같았다." 현장에 심은 모종은 일주일도 채 지나지 않아 바싹 말라 쪼그라들었다. 이런 상황에서 내 역할은 이 식물이 발아하고 계속 살아남기 위한 조건을 찾아낼 체계적인 접근 방식을 개발하는 것이었다.

그해에 나는 작업에 착수해 많은 데이터를 수집했다. 여름이 끝날 무렵, 해변에 놀러 간 적이 있는 사람이라면 누구라도 쉽게 이해할 만한 사실이 밝혀졌다. 한낮의 백사장은 아주 뜨겁다. 그러나 같은 해변이라도 밤의 모래는 주위의 공기만큼 식는다. 우리가 루피너스를 심은 모래 역시 마찬가지였다. 24시간을 두고 낮에는 섭씨 46~54도까지 치솟았다가 밤이면 10~15도로 곤두박질쳤다. 그런 엄청난 일교차를 식물이 매일 감당한다는 것은, 특히 첫해에는 굉장한 부담이 될 수밖에 없었을 것이다. 내가 수집한 데이터 덕분에 우리는 아주 중요한 교훈을 얻었다. 루피너스를 정착하게 하려면 그 식물을 심을 땅에 대해 좀 더 까다로워져야 했다. 모래로 된 맨땅에 생각 없이 식물을 심는 것은 작정하고 식물을 죽이겠다는 뜻이다. 루피너스가 토양 깊숙이 있는 물까지 뿌리를 뻗으려면 적어도 1년이 걸린다. 그런데 우리는 이 연약한 모종을 토양의 가장 뜨겁고 건조한 층에 직접 심고 있었던 것이다. 해가 쨍쨍한 날에 차창을 모두 닫고 마실 물도 없는 차 안에 가둬 둔 셈이다.

그때부터 우리는 루피너스를 심을 다른 장소를 모색했다. 봄이 왔을 때, 나는 주변 들판으로 나가 루피너스 씨를 한 줌씩 뿌렸다. 어쩌면 자연이 루피너스가 뿌리 내리는 문제를 자연스럽게 해결해 줄지도 모른다는 생각에서였다. 분명 야생에서는 씨앗이 인간의 손으로 뿌려지지 않으니 말이다. 복원 지역에서 루피너스가 번식할 일말의 희망이 있다면, 자연이 허락하는 다른 어느 곳에서든 똑같이 가능할 것 같았다.

씨를 뿌린 후 매일 아침 일찍 찾아가 발아의 흔적을 찾았다. 하나라도 좋으니 모래를 뚫고 나오는 모종이 있기를 고대했다. 데이터가 있는 것은 아니었지만, 나는 혼자서 몇 가지 가능성을 추측해 보았다. 언젠가 루피너스 싹을 발견한다면 다른 식물과 멀리 떨어져 경쟁이 적은 너른 공간일 거라고 말이다. 경쟁자의 짙은 그늘 속에서 더 잘 자라는 식물이 어디 있겠는가?

맙소사, 내가 틀렸다. 그것도 보기 좋게 말이다. 마침내 나는 새싹을 발견했으나 장소는 대부분 남방형 목초 사이나 그 그늘 밑이었다. 맨땅에서도 싹이 올라오긴 했으나 훨씬 수가 적었다. 그럼에도 노력의 결실을 마주하니 황홀하기 그지없었다. 스마트폰이 있었다면 저 작은 식물들로 메모리를 다 써 버렸을 것이다. 회사에서도 소식을 듣고 기뻐했다. 나를 고용한 것이 그리 나쁜 선택은 아니었다고 생각하지 않았을까?

그런데 여름을 지나는 동안, 루피너스 새싹 사이에서 흥미로운 패턴이 발견되기 시작했다. 다른 풀 사이에서 발아한 것들은 잘 자랐지만, 나머지는 예전에 맨땅에 옮겨 심은 식물처럼 죽어 버린 것이다.

어떤 식물에게는 이웃과 가까이 있는 것이 꼭 나쁜 것은 아니다. 특히나 모래자갈 구덩이처럼 스트레스를 유발하는 조건이라면, 적어도 한동안 다른 식물과 더불어 지낼 때 성장을 촉진할 수 있다. 남방형 목초 수풀이 작은 루피너스 모종의 보호자 역할을 했다는 말이다. 물론 건조한 사막 환경이 훨씬 열악하긴 하지만, 채석장 바닥의 여건도 충분히 비슷한 스트레스를 가하고 있었다. 보호성 식물이 하는 일은 주위 경관보다 생장 조건이 조금이나마 더 나은 미기후(지면에서 약 1.5미터 높이 사이의 대기층 기후-옮긴이)를 만드는 것이다. 물론 이 식물이 자청하여 친절을 베푸는 것은 아니다. 식물은 다른 생물과 마찬가지로 의도적으로 이타주의를 실천하지 않는다. 그리고 처음에는 풀이 그늘과 습기를 제공하고 루피너스가 토양에 질소를 추가하면서 서로 부족한 부분을 채워 줄지 모르지만, 이러한 관계는 시간이 지나면서 틀어지기 마련이다. 함께 크는 어린 식물은 마침내 얼마 되지 않는 자원을 두고 격렬히 싸우는 경쟁자가 된다.

빛, 물, 영양소를 두고 서로 경쟁하든, 생장기의 가장 고된 시점에 서로를 북돋아 주든, 식물이 서로 관계를 맺으며 상호작용한다는 개념 자체가 나에게는 완전히 생소했다. 그때까지만 해도 나는 식물에 대해 가끔은 아름다운, 그러나 대개는 지루한 것으로 생각했던 터였다. 무생물이나 마찬가지라며 식물에 마음을 쓰지 않았다. 학교 교육도 도움이 되지 않기는 마찬가지였다. 교육 과정에서 식물에 관한 단원은 보통 광합성이나 식물의 형태를 외우는 것에 한정되어 있다. 누구도 식물이 생존을 위해 분투하는 역동적 생물이라고 가르쳐 주지 않았다. 그것도 인간처럼 이동성을 지닌 척추동물과는 다른, 완전히 생경한 방식으로 말이다.

모래자갈 구덩이에서의 내 경험은 그전에 관심을 두지 않았던 생물권의 거대한 영역에 눈을 뜨게 했다. 식물 역시 서로 다른 필요와 고유한 생존 전략이 있다는 것을 배웠고, 다른 식물과 상호작용하며 보통은 경쟁하지만 때로는 협동한다는 것을 배웠다. 식물도 모두 제각각이다. 겉으로는 모두 똑같은 것들이 모인 초록 바다처럼 보여도, 사실은 내가 알지 못하는 개별 종이 어우러진 것이다. 무엇보다 식물은 매력이 넘쳤고, 특히 나처럼 강박적인 성향이 있는 사람이 보기에는 평생 밝혀내도 부족한 정보로 가득 차 있었다.

남방형 목초와 루피너스 사이의 이런 특별한 관계가 장기적으로 어떤 결말에 이를지는 알 수 없었다. 루피너스가 경쟁자로 거듭날 만큼 크게 자라기까지 몇 해가 걸릴지 모르는 일이니까. 하지만 어느 쪽이든 마침내 루피너스는 그 복원지에서 스스로 자라기 시작했고, 우리는 카너 블루 나비가 돌아올 적절한 서식지를 만드는 일에 작게나마 한 발을 내디뎠다.

복원은 대체로 느린 과정이다. 생태계는 하룻밤 사이에 형성되지 않는다. 지구의 많은 식물이 우리가 인지할 수 있는 것보다 훨씬 느린 시간의 척도로 작동한다. 첫 루피너스 새싹이 자라 제 씨앗을 키워 내기까지 몇 년이 걸릴 것이고, 그 자손이 다시 싹을 틔워 꽃을 피워 내기까지는 더 오랜 시간이 걸릴 것이다. 카너 블루 나비가 이곳에 들어오기를 바란다면 루피너스와 다른 식물 개체군이 잘 자리를 잡고 어느 정도는 스스로 기능할 때까지 기다려야 한다. 이런 복원지들은 모두 미래를 향한 인간의 도움을 필요로 한다. 인간은 침입종을 도입하고, 생명을 주는 산불을 억누르며, 서식지를 조각내면서 자연 시스템을 너무나 많이 망가뜨려 왔다. 그러니 최소한 저 모래자갈 노천갱도처럼 자연의 작은 지역들은 돌봐야 할 의무가 있다. 의지만 있다면 얼마든지 가능한 일이다. 생태계를 관리하는 일은 자연과 깊은 인연을 맺게 한다. 저 프로젝트가 나를 바꾼 것처럼 말이다. 그러나 채굴회사에서 일할 수 있는 시간은 제한되었고, 계약이 만료되었을 때 나는 내 인생의 다음 단계로 나아가야 했다.

그 무렵 카너 블루 나비는 내 하루 일과의 곁다리가 되었다. 나비를 복원지에 재도입하는 것이 원래의 목표였지만, 그 과정에 식물이 내 집착의 최종 대상이 되고 말았다. 나는 사무실에서 몇 시간씩 논문과 블로그를 들여다보았고, 다양한 식물의 번식 기술을 익혔다. 그러면서 여태까지 식물을 알아 가는 재미와 풍요로운 경험을 놓치고 살았다는 기분이 들었고, 이제라도 따라잡아야겠다고 마음먹게 되었다. 물론 시도조차 하지 않았던 과거는 내 잘못이다. 그러나 전반적으로 우리 사회가 식물을 대수롭지 않게 다룬다는 느낌을 지울 수가 없었다. 왜 식물을 소개할 때 형태나 몇몇 생리학적 특징만 강조해서 다룰까? 왜 생물학 수업 시간에 해파리나 치타 같은 동물의 행동만 이야기하고, 식물이 세상과 영향을 주고받는 방식의 다양성에는 기회조차 주지 않는 걸까? 왜 항상 식물은 수분 매개자에 가려 존재감을 잃고 말까?

인간은 심각한 편견에 사로잡힌 동물이다. 우리는 어느 정도 자신과 연관되는 것을 좋아한다. 솔직히 식물은 직접적인 연관을 짓기가 어려울 수 있다. 그러나 내가 채석장에서 수강한 단기 식물 특강은 식물이 우리와 놀라울 정도로 공감대를 형성할 수 있고, 또 동시에 믿기 어려울 만큼 생경한 존재임을 알게 해 주었다. 이 두 가지 조합은 아주 흥미진진하다. 나는 인간 세계의 진부함에서 벗어나고 싶을 때 과학 소설을 읽곤 했다. 그러면서 외계 행성과 그 행성의 기괴한 생명체를 머릿속으로 즐겨 그렸다. 그러나 지구에는 이미 여느 가상의 외계인만큼이나 색다르고 흥미로운 생물 집단이 있었다. 가장 좋은 점은 그 생물이 실체가 있고 실재한다는 것이다. 나는 그 생물의 살을 만질 수 있고 연구할 수 있고 심지어 직접 기를 수도 있다.

나는 끝내 채석장 복원 사업의 결과를 보지 못하고 직장을 구해 나라 반대편으로 떠나야 했다. 내 루피너스를 두고 가게 되어 아쉬웠지만, 복원 프로젝트를 궤도 위에 올려놓았다고 믿었기에 안심하고 떠났다. 나는 저 채석장의 식물들을 마음 깊이 사랑하게 되었을 뿐 아니라 중요한 교훈을 얻었다. 사람들과 함께 일하는 법과 프로젝트를 진행하는 방법 그리고 예상치 못한 상황에 적응할 필요가 있다는 사실이 그러했다. 자연과 함께 일한다는 것은 놀랍고도 멋진 경험이지만, 계획대로 진행되는 일은 거의 없었다.

돌아보면 루피너스와 분투하던 시간이야말로 내 인생에서 가장 결정적인 시기였다. 루피너스를 옮겨 심는 일이 처음부터 순탄하게 진행되었다면, 과연 내가 하루에 몇 시간씩 식물을 공부하고 파고들었을까? 그때도 식물에 대해 존경과 동경을 느끼고, 식물이 대단히 흥미로운 유기체라는 사실을 발견했을지는 알 수 없는 일이다.

어쨌거나 식물에 본격적으로 관심을 가지게 되면서 세상이 전과 다르게 느껴졌고, 더 많은 것을 배우고 싶은 욕심이 생겼다. 그렇게 내 삶에서 공식적인 녹색 혁명이 시작되었다.

2장

나만의 자생 정원 프로젝트

식물의 세계에 완전히 사로잡힌 나는 진정한 덕후로 거듭났다. 현재 내가 사는 집에 들어오면 열대식물과 사막식물이 벽을 채우고 밖에도 다양한 자생식물이 자란다. 나는 정원 가꾸기에도 푹 빠졌는데, 이는 내 땅이 있어야 가능한 일이다. 다행히 뉴욕주에 사는 동안에는 부모님 집에서 식물을 심을 공간을 허락받았다.

부모님은 버팔로시에서 남쪽으로 45분 정도 걸리는 곳에 산다. 1에이커쯤 되는 집터는 한때 숲이었지만, 과거 이 집을 지은 이가 땅의 절반에서 나무를 베고 사람들에게 표토를 나눠 주었다. 남은 흙은 식물을 심기에 썩 좋지 않았다. 그곳은 1만 년 전쯤 빙하가 물러갈 때 남긴 찰진 흙과 미고결 바위 잔해로 구성되어, 삽질을 할 때마다 삽날이 바위에 부딪히곤 했다. 그러면 금속성의 날카로운 소리가 났고, 부딪힌 충격이 삽자루를 잡은 손까지 느껴졌다. 그러나 그런 어려움쯤은 아랑곳하지 않았다. 나에게는 오직 식물을 길러야겠다는 일념뿐이었다. 나는 나만의 녹색 혁명을 실천하는 중이었다. 작은 유리 상자 안에서 어떻게 하면 물고기가 행복할까 고심하는 가운데 물고기를 알게 된 것처럼, 식물을 기르면서 비로소 식물을 알게 되리라는 것을 확신했고, 그래서 그렇게 했다.

정원을 가꾸는 일은 실패의 연속이다. 본의 아니게 많은 식물을 죽이게 되지만 지나치게 괴로워할 것은 없다. 야생에서 희귀 식물을 몰래 캐 왔거나 비싼 값을 주고 귀한 식물을 사 온 게 아니라면, 실패를 통해 성공으로 가는 길을 배우게 될 테니. 하지만 초창기에 내가 정원을 꾸민 방식은 다른 식물 애호가들과는 조금 달랐다. 아름다움은 언제나 내게 2순위였고 그건 지금도 그렇다. 내게 가장 중요한 것은 흥미로움이다. 나는 흥미로운 식물을 기르고 싶고, 내게 정원 가꾸기는 대상의 실체가 있다는 점을 제외하면 책이나 논문의 페이지를 넘기며 배우는 것과 똑같은 일이다. 내가 땅에 심은 식물은 모두 새로 사귄 친구와 마찬가지다. 씨앗에서 꽃까지 그리고 그 꽃이 씨앗이 될 때까지, 나는 식물과 소통하고 싶다. 무엇보다 나는 내가 키우는 식물이 우리 동네에 사는 다른 생물에게 유익하기를 바란다.

오늘날 뉴스에는 생태계 파괴에 대한 이야기가 숱하게 나온다. 세계적으로 곤충, 새, 그리고 그 밖의 많은 생물이 감소하고 있으며, 이는 대부분 생물을 부양하는 서식지가 파괴되면서 초래된 결과다. 서식지가 망가지는 형태, 크기, 방식은 모두 다양하지만 거기에는 인간이라는 공통 요소가 있다. 지구의 구석구석을 빼놓지 않고 정복하려는 인간의 욕구로 인해 생물권이 큰 곤욕을 치르는 것이다. 가장 처참하고 피해가 큰 파괴는 육지에서 일어나며, 대개 산업 발전이라는 명목으로 이루어진다. 수천 헥타르의 우림을 깎아서 야자유 플랜테이션과 목장으로 대체하고 산 정상을 폭파해 그 안에 묻혀 있는 석탄과 광물을 캐내면서, 그 순간까지 그 땅에서 유지된 모든 서식지를 없앤다. 그런 활동은 경관에 무시할 수 없는 거대한 흔적을 남기지만, 서식지 파괴가 더욱 비극적인 이유는 우리 주변에서도 수없이 많은 자연경관이 서서히 사라지고 있기 때문이다. 소규모 서식지 파괴는 상대적으로 관심을 덜 받는데, 사람들이 주변의 작은 땅을 두고는 개발되어 마땅한 지역 이상으로 생각하지 않기 때문이다. 숲을 베어 만든 주택과 잔디밭, 습지를 메워서 만든 쇼핑몰, 초원을 갈아엎어 만든 옥

수수밭이 대표적이다. 대규모 서식지 파괴는 생태계를 작은 조각으로 파편화하고, 그 뒤를 이은 소규모 서식지 파괴가 남은 조각을 야금야금 해치운다.

그러나 '서식지 파괴'라는 단순한 표현은 대단히 중요한 사실을 간과한다. 식물이 곧 서식지라는 점이다. 대부분 한 번쯤 먹이사슬이나 먹이그물이라는 말을 들어봤을 것이다. 이 간단한 도식은 자연계에서 먹이를 통한 에너지 흐름을 묘사한다. 층이 있는 피라미드로 그리든, 뒤엉킨 그물로 그리든, 그 밑바닥에 식물이 있다는 사실에는 변함이 없다. 식물은 우주의 진공을 가로질러 1억 5000만 킬로미터 밖에서 거대한 핵융합 반응이 발산한 에너지를 활용해, 물과 이산화탄소를 쪼개고 식량을 만든다. 그것이 광합성이다. 광합성이 일어나지 않는 지구는 꽁꽁 닫힌계(물질은 교환 불가능하고 에너지만 교환 가능한 계-옮긴이)일 테고, 정의에 따르면 닫힌계는 유한하다.

다행히 식물 덕분에 우리는 지구의 생물권으로 지속해서 유입되는 에너지원을 보유하게 되었다. 그러므로 식물 또는 적어도 광합성을 하는 다른 모든 생물(이라고 쓰고 조류라고 말한다)은 심해 열수구를 제외한 모든 환경에서 먹이그물의 시작점을 차지한다. 식물은 에너지를 만들고 그 에너지는 살아 있는 나머지 세상에 확산된다. 이 사슬과 그물에서 식물 바로 위에 있는 것은 곤충과 같은 절지동물이다. 루피너스 잎만 먹고 사는 카너 블루 나비 유충처럼 곤충 종 대부분이 특정 식물군에 대한 전문종이다. 유충이든 성충이든, 곤충은 생존의 진화적 역사를 공유해 온 식물이 절대적으로 필요하다. 자생하던 식물이 사라지면 그 식물이 부양하던 곤충도 사라진다. 곤충의 수가 줄어드는 것은 곤충을 끔찍하게 싫어하는 이들에게는 반가운 소식일지 모르나, 실제로는 인간을 포함한 모든 생물에게 무서운 재앙이다.

지구에는 여러 형태, 크기, 가계의 동물이 있지만 단연코 가장 중요한 것은 곤충이다. 다른 장에서 다루겠지만, 곤충은 초식하는 습성을 통해 식물의 양과 분포를 조절하고 식물과 여러 방식으로 상호작용할 뿐 아니라 아주 많은 다른 동물의 먹이가 된다. 물고기, 뒤쥐, 생쥐, 새, 파충류, 그리고 심지어 인간도 곤충을 필수적인 식단의 일부로 여긴다. 이 간단한 사실을 염두에 두고 생각해 보면, 우리가 새나 물고기처럼 '카리스마 있는' 동물에 관심을 쏟는 만큼 곤충에 신경을 써야 한다는 논리가 그리 큰 비약이 아니다. 같은 이유로 식물에도 관심을 가져야 옳다.

채석장 복원 프로젝트를 통해 나는 생물 다양성을 유지하는 자생식물의 역할을 배웠다. 그래서 나는 부모님 집 주변을 되도록 많은 자생식물로 채우고 싶었다. 정원에 토종 식물을 심는 것이 집에서 실천하는 생태 복원 사업처럼 느껴졌다. 자생하는 식물을 심고 가꾼다면 맨 처음 이곳에 집을 지으며 잃어버린 생태의 일부를 되돌릴 수 있을 거라는 생각에 끝도 없이 흥분했다. 다행히 집터의 한쪽 끝에 근사한 작은 숲이 있었고, 나는 당시 초지나 사바나에 서식하는 종을 주로 연구하고 있었으므로, 이곳에서 작은 숲 가꾸기를 시도하기로 했다.

나는 항상 이상한 형태의 생물에 유독 애정이 갔다. 이해하고 사랑하기 위해 노력이 필요한 생물이 좋다. 그런 성향은 뒤뜰의 숲에서 키울 식물을 고르는 데도 영향을 주었다. 하루는 새로운 관심거리를 찾아 자생식물 종자 카탈로그를 훑어보고 있었다. 맨 처음 눈에 들어온 것은 야생생강(wild ginger)이라는 이름의 식물이었다(야생생강이라는 말은 영어권에서 사용하는 일반명이고 한국에서는 족도리풀속에 속하는 식물임-옮긴이). 당시 나는 요리에 쓰이는 생강이 열대식물에서 유래했다는 사실을 알고 있었다. 겨울이면 기온이 영하 20도 아래로 떨어지는 뉴욕 서부에서 열대 종이 자랄 리는 만무했다. 요리에 쓰이는 진짜 생강(*Zingiber officinale*)은 열대식물인 생강과에 속하지만, 목록에 있는 야생생강이라는 놈은 쥐방울덩굴과였다. "쥐방울덩굴이 도대체 뭐지?" 나는 이내 이 희한한 종의 자연사를 좀 더 찾아보기로 했다.

야생생강의 학명은 아사룸 카나덴세(*Asarum canadense*)이고 하트 모양의 초록색 잎 두 장이 자란다. 야생생강이라는 이름은 뿌리에서 생강 맛이 조금 나기 때문에 붙여졌다. 그러나 야생생강에는 아리스톨로크산이라는 독성 물질이 들어 있기 때문에 함부로 요리에 사용하면 안 된다. 인간을 포함해 이 식물에 입을 갖다 대는 동물은 암에 걸리거나 신장이 망가질 각오부터 해야 한다. 그러나 이 식물의 방어를 뚫을 수 있는 초식동물이 적어도 한 종은 있다. 바로 쥐방울덩굴호랑나비이다. 이 나비는 아리스톨로크산의 독성을 잘 견딜 뿐 아니라, 유충은 쥐방울덩굴과 식물의 잎을 먹고 피부에 그 독을 저장해 방어 수단으로 사용한다. 쥐방울덩굴호랑나비 유충을 먹는 동물은 이 유충이 먹은 식물의 독성을 고스란히 경험하게 된다. 내 숲에 이 멋지고 이상한 자생식물을 추가한다면 나비에게 귀한 서식지를 제공하는 또 다른 기회가 될 터였다. 그날 밤 바로 온라인 몰을 뒤져 종자를 주문했다. 그리고 이 신비한 식물에 관해 좀 더 파헤쳤다.

처음으로 한 일은 식물의 사진을 찾는 것이었다. 야생생강의 꽃은 내가 지금까지 본 어떤 꽃과도 닮은 구석이 없었다. 꽃은 하트 모양의 잎이 드리운 짙은 그늘 아래로 거의 땅에 붙어나다시피 피고, 삼각형 모양에 가운데가 항아리처럼 오목하게 파였다. 삼각형의 꼭짓점 부위는 털이 달렸는데, 갈색, 버건디, 와인색에 이르는 다양하고 매력적인 색깔이었다. 가운데 움푹 들어간 구덩이에는 생식과 관련된 부위가 있는데, 내가 학교에서 배운 꽃의 암술머리나 꽃밥의 해부 구조와는 전혀 닮지 않았다.

기괴한 아름다움을 선보이는 야생생강 꽃. 하트 모양 잎 아래로 땅에 붙어 꽃이 피었다.

사실 야생생강의 생식기관은 내가 현화식물에서 기대하는 것과는 전혀 반대였다. 왜 이 식물은 꽃을 잎의 그늘에 감추어 두는 거지? 자고로 꽃이란 꽃가루를 받기 위해서라도 밖에 모습을 드러내야 하는 것 아닌가? 또한 야생생강이 개화하는 시기는 내가 그간 다뤄 온 식물보다 훨씬 빨랐다. 개화기가 4월 초에서 5월까지에 불과해 일반적인 수분 매개자가 아직 겨울잠에서 깨어나기 전에 꽃을 피운다. 수분이 되든 말든 신경 쓰지 않는 모양새다. 하지만 그럴 리는 없다. 번식하지 못했다면 지금까지 버틸 수 없었을 테니까. 이 식물에 대해 좀 더 조사하며 나는 그날 저녁 또 한 번 충격을 받았다.

이런 특별한 외형에도 불구하고 야생생강의 수분에 관해서는 알려진 바가 거의 없었다. 이런저런 추측은 많지만 저 이상한 꽃을 누가 수분하는지 합의가 이루어지지 않았다. 개미라고 하는 사람들도 있었지만 내가 보기에는 불가능했다. 개미가 몸에 바르는 항생물질은 꽃가루를 불임으로 만드는 성질이 있기 때문이다. 축축한 숲 바닥에 기어 다니는 민달팽이를 제안한 사람도 있었다. 꽃 위를 미끄러져 다니면서 몸에 들러붙은 꽃가루를 이 꽃에서 저 꽃으로 운반한다는 것이다. 그러나 그것도 가능성이 없어 보이기는 마찬가지였다. 수분 서비스는커녕 꽃과 잎을 먹어 치울 놈들이기 때문이다. 지금까지 가장 강력한 후보는 작은뿌리파리 같은 날파리였다.

특이하게도 작은뿌리파리는 차갑고 축축한 초봄에 활동한다. 토양의 곰팡이를 먹으며 보내는 유충 시기가 끝나면, 성충은 짝짓기 장소를 찾아다니기 시작한다. 곰팡이가 풍부한 곳에 알을 낳아야 하므로 숲 바닥의 어두운 구석을 주로 날아다닌다. 이때 이 작은 파리가 야생생강의 오목한 항아리 속에서 나쁜 날씨를 피한다면, 야생생강의 꽃밥은 파리의 몸을 덮고도 남을 꽃가루를 생산하므로, 파리가 다른 피난처를 찾아 이동할 때 꽃가루를 옮길 수 있다. 하지만 이 가설을 뒷받침할 증거는 많지 않다. 사실 수분 연구는 굉장히 어렵다. 적절한 실험과 데이터가 없이 그저 한 곤충이 꽃을 찾아가는 장면을 목격한 걸로는 그 방문이 얼마나 식물의 수분에 도움이 되었는지는 알 수 없다. 사실 야생생강이 자가수분할 가능성도 크다.

이런 신기한 자연사 지식으로 무장한 나는 두 번째 질문으로 넘어갔다. 도대체 쥐방울덩굴은 어떤 식물이지? 인터넷을 찾아보니 야생생강의 사촌 중에는 인간의 출산을 돕는 식물이 있다고 한다. 아닌 게 아니라 과명인 '쥐방울덩굴과'는 라틴어로 '출산에 최고'라는 뜻이었다. 나는 아기를 낳아본 적이 없으므로 얼마나 효험이 있는지는 알 수 없다. 하지만 유용성과 상관없이 기괴하고 유혹적인 형태와 복잡한 생태적 관계를 봤을 때, 이 식물은 꼭 내 숲속 정원의 일원이 되어야 했다. 종자가 도착하자마자 나는 숲속의 공터에 뿌려 놓고 게임이 시작되길 기다렸다.

흩뿌린 씨앗에서 생명의 흔적이 나타나기를 오매불망 기다리며 몇 주를 보냈다. 거의 매일 확인했지만 아무것도 발견하지 못했다. 그러다 여름이 찾아오면서 내 무한한 관심은 아무 결과도 얻지 못하고 끝났다. 그렇게 자생식물을 숲으로 돌려보내려는 첫 시도는 실패로 돌아갔는데, 나중에 보니 내 잘못만은 아니었다. 정원사들이 입을 모아 말하길, 야생생강 같은 숲 식물의 종자는 원래 발아하는 데 오랜 시간이 걸린다고 했다. 종묘사에서 자생식물을 쉽게 찾아볼 수 없는 이유도 그래서이다. 이런 식물을 키워서 수익을 보기가 너무 어렵기 때문이다. 이는 개체군이 감소되었을 때 숲속 식물이 개방된 서식지의 식물보다 더 크게 영향을 받는 이유이기도 하다. 이런 식물은 교란 상태에서 회복하기가 더 힘들다. 결국 내가 뿌린 야생생강 씨앗은 하나도 싹을 틔우지 않았다. 다행히 야생생강에 대한 내 집념을 알게 된 한 친구가 자기 정원에 있는 야생생강을 분양해 주었다. 야생생강이 자리 잡았으니 이제 다른 식물로 넘어갈 차례였다.

그해 여름 말, 뒤뜰의 숲에서 모종의 패턴이 나타났다. 숲의 절반 정도에 다양한 야생화가 자라고 있었다. 예쁘게 얼룩진 잎과 노란 꽃이 피는 아메리카얼레지, 연보라색 꽃을 피우고 깊은 자루 모양 돌기 속에 꿀을 저장한 래브라도제비꽃. 심지어 대사초라는 무심한 일반명으로 불리는, 왁스 칠이 된 듯한 넓은 잎을 다발로 키워 내는 사초과 식물도 있었다. 그러나 숲의 나머지 절반에서는 절대적으로 한 종이 우점했다.

아마도 이 골목대장은 첫해를 콩팥 모양에 가장자리가 물결진 조밀한 잎다발로 시작했을 것이다. 그리고 두 번째 해가 됐을 때 한두 개의 꽃대가 두드러지게 올라와 그 끝에 4개짜리 하얀 꽃잎이 달린 꽃다발이 얹어졌을 것이다. 이 식물의 아무 부위나 뜯어서 짓이기면 브로콜리와 마늘 향이 나므로, 그 정체는 그리 어렵지 않게 밝힐 수 있다. 바로 북아메리카에서 가장 치명적인 외래종 중 하나인 마늘냉이(*Alliaria petiolata*)다. 그러니 내가 이 침략자를 잘 처리하려면 먼저 이 종에 대해 제대로 알아야 했다.

마늘냉이에 관해 제일 먼저 배운 것은 북아메리카에 우연히 도입된 식물이 아니라는 점이다. 이 배춧과 식물은 유라시아의 넓은 지역에서 자생해 왔고, 인간과는 오랜 역사를 함께했다. 교란된 지역에서도 번성하는 능력은 인간이 정착하는 곳이면 어디나 따라갔다는 뜻이다. 얼마 지나지 않아 사람들은 이 식물을 먹을 수 있다는 것을 알아

냈고, 어린잎을 수확해서 반찬으로 먹었다. 늘 있는 일이지만 인간은 유용성이 검증된 식물을 어디든 데리고 가고 싶어 하고 실제로 그렇게 해 왔다. 마늘냉이가 북아메리카에 도입된 것은 1860년대로 추정된다.

두 번째로 배운 것은 마늘냉이가 화학전에 연루된다는 사실이다. 식물의 화학전은 '타감작용'이라고 부르는 현상의 일종으로, 잎이나 뿌리에서 다른 식물의 발아, 생장, 번식을 억제하는 화학물질이 분비되는 것을 말한다. 마늘냉이가 분비하는 화학 혼합물은 식물에게 직접 해를 가하지는 않지만 뿌리에 들러붙어 사는 균근균을 죽인다. 균근균은 식물이 토양에서 물과 양분을 얻기 위해 의존하는 곰팡이다. 북아메리카의 자생식물과 곰팡이 모두 저 화학물질을 접해 본 적이 없으므로, 그 효과는 마늘냉이의 자생 분포 지역에 비해 북아메리카에서 훨씬 강력하다. 마늘냉이가 원래 분포하던 곳에서는 주변 식물이 오랜 시간에 걸쳐 저 화학물질에 적응해 왔기 때문이다.

보통 내가 좋아하는 제비꽃이나 얼레지 같은 하층부 식물이 1차 타깃이 된다. 마늘냉이가 엄청난 번식력으로 마구 밀고 들어오고 게다가 곰팡이 공생체까지 죽어 나가는 상황에서는 오래 버틸 재간이 없다. 심지어 나무도 그런 화학 공격의 희생자가 될 수 있다. 나무 역시 균근균에 크게 의존해서 살기 때문에, 마늘냉이 개체군이 폭발적으로 증가하면 나무는 곰팡이 파트너를 찾기가 어려워져서 수가 줄어든다. 마늘냉이가 나무에 미치는 부정적인 효과는 소나무, 단풍나무, 참나무를 포함한 다양한 집단에서 발견될 정도다. 아무 경험이 없는 생태계에 새로운 무기가 도입되면 식물의 크기 따위는 문제 되지 않음을 보여주는 사례다.

만약 내가 숲에 침입한 마늘냉이의 존재를 몇 년 늦게 알았다면,

포식자도 주변 식물의 방어도 없는 북아메리카에서
마늘냉이는 쉽게 우점식생의 지위에 도달할 수 있었다.

그사이에 마늘냉이는 매년 종자를 생산하고 그 종자가 더 많은 마늘냉이로 자라, 마침내 저 작은 숲에 사는 모든 종이 같은 운명을 맞이했을 것이다. 그리고 토박이들이 숲의 가장자리로 밀려나면서 그 식물을 먹이와 피난처로 삼았던 벌, 나방, 그 밖의 모든 멋진 절지동물도 함께 쫓겨났을 것이다. 이 동물들이 사라지면 그곳을 찾아들던 새도 점점 먹이를 찾기 어려워진다. 동고비, 박새, 솔새는 새끼에게 먹일 음식을 찾아 더 멀리까지 원정을 다녀야 한다. 마늘냉이와의 전쟁을 통해, 나는 이 작은 한 뼘의 땅에서 내가 취한 행동과 그것이 생태계에 미치는 영향을 연결 짓게 되었다. 또한 식물이 내가 한때 생각했듯 마냥 평화롭고 미미한 존재가 아님을 알게 되면서 점점 더 식물이란 존재가 멋지게 느껴졌다.

침입종은 서식지 파괴 다음으로 토착종을 멸종의 위기에 몰아넣는 요인이다. 그렇다고 모든 침입종을 깡그리 박멸하겠다는 것은 허황된 생각이다. 설사 시도한다고 하더라도, 그 지역에서 이미 높은 밀도에 도달한 종을 제거하기 위해 사용되는 방법이란 대개 다른 종에게도 해로울 수 있다. 따라서 보통은 통제할 수 있는 수준으로 침입종의 수를 관리하는 것을 목표로 삼는다. 당연히 침입종 관리는 지역마다 다른 방식으로 접근해야 효과적이다. 침입종 관리란 차분히 한 발짝 물러서서 최종 목표가 무엇인지 잊지 않을 때 적절히 다뤄질 수 있는 복잡한 문제다. 그리고 여기서의 최종 목표란 바로 자생식물의 다양성을 보호하고 육성하는 것이다.

나는 내 작은 숲의 식물 다양성을 키우려고 매진하는 동시에 뒤뜰의 다른 곳에도 부지런히 자생식물을 심었다. 내가 심고 키울 수 있는 종을 무조건 많이 찾는 것 말고는 딱히 다른 계획이 없었다. 그러던 어느 여름날 오후, 동네 종묘사에 들러 살펴보는데 무엇인가가 내 감각을 자극했다. 부드럽게 웅웅거리는 소리에 이어 고음으로 끼익하는 소리가 들렸다. 소음의 출처를 찾아 돌아본 순간, 붉은목벌새 두 마리가 공중전을 벌이는 모습이 눈에 들어왔다. 벌새는 놀랍기 그지없는 새이다. 동물계에서 신진대사가 가장 활발하기 때문에 내부에서 계속 불을 지피려면 끊임없이 먹어야 한다. 저에너지 음식에 시간을 허비할 시간이 없으므로 식단의 대부분을 꽃꿀이 차지한다. 당에는 에너지가 많이 들어 있지만 금방 소화되어 버리고 오래 가지 않는다. 벌새가 살아남으려면 주변에 안정적인 꽃꿀을 제공하는 먹이원이 있어야 한다는 뜻이다. 벌새가 양질의 꽃꿀 제공원을 격렬하게 방어하는 이유도 다음 꽃이 언제 필지 모르기 때문이다.

두 새의 난투극을 보는 순간, 문득 내가 지금까지 벌새를 볼 수 있었던 것은 사람이 제공한 모이통 덕분이었다는 걸 깨달았다. 어릴 적 할아버지 집에 가면 벌새 모이통 밑에 서서 먹이를 두고 경쟁하는 벌새들을 볼 수 있었다. 벌새의 번쩍이는 초록색 깃털을 얼마나 넋을 잃고 쳐다봤던가. 하지만 벌새가 모이통이 아닌 진짜 식물 앞에서 먹이를 먹는 장면을 목격한 것은 손에 꼽을 정도였다. 여기에는 커다란 단절이 있었다. 분명 벌새는 모이통이 생기기 훨씬 전에 진화한 새다. 그렇다면 인간이 주변에 없을 때 벌새는 무엇을 먹을까?

그 답은 벌새의 싸움이 끝나면서 바로 알게 되었다. 경쟁자를 쫓아낸 승자는 멋진 식탁을 차지했다. 나는 이런 식물을 전에 본 적이 없었다. 사각의 줄기 위에 작은 화관이 돔을 이루고 그 꼭대기에는 요상하게 생긴 꽃이 폭발하듯 피어 있었다. 색이 너무 붉어서 조화인 줄 착각할 정도였다. 꽃은 풀협죽도나 국화처럼 방사대칭이 아니라 이국적인 열대 새가 입을 벌린 모양이었다. 꽃의 윗부분에서는 생식기관으로 보이는 것들이 밀려 나왔고, 바닥은 근사한 난꽃의 입술 같았다. 내

베르가못의 화려한 꽃 전시는 벌새를 끌어들이는 표지판으로 작용한다.

가 지켜보는 가운데 벌새는 배가 부를 때까지 꽃을 체계적으로 탐색했다. 그러고는 다음 꽃대로 옮겨 같은 과정을 반복했다. 갑자기 내 정원에 곤충 말고 다른 생물까지 끌어들이고 싶은 충동을 느꼈다. 벌새에게 플라스틱으로 된 먹이통에 넣는 설탕물이 아니라 진짜 음식을 주고 싶었다. 이 식물은 좋은 출발점이 될 터였다.

벌새가 자리를 옮기자마자 나는 그쪽으로 달려가 화분에 달린 이름표를 확인했다. 베르가못, 학명으로는 모나르다 디디마(*Monarda didyma*)라고 불리는 식물이었다(운향과의 과실수 베르가못과는 다른 식물임-옮긴이). 이 식물의 가장 훌륭한 점은 진정한 토종이라는 데 있었다. 모나르다는 꿀풀과의 한 속으로, 대부분 비슷한 개화 전략을 구사해 줄기 끝에 긴 통꽃이 다발로 배열된다. 화려한 색깔로 펼쳐진 화서는 마치 불꽃놀이 중간에 얼어 버린 작은 불꽃처럼 보인다. 벌새 말고도 두포우레아 모나르다이(*Dufourea monardae*)라는 초미니 벌을 포함한 많은 종이 베르가못 꽃을 찾는다. 이 벌은 몸길이가 기껏해야 7밀리미터밖에 안 되어 잘 보이지도 않는다. 현재까지 이 작고 보잘것없는 검은색 벌은 모나르다속의 꽃에서만 꿀을 빨아 먹는다고 보고되고 있다. 따라서 이 벌의 생활사는 저 꽃의 개화기에 맞춰져 있다. 이제 필요한 정보를 모두 얻은 나는 베르가못 화분을 몇 개 사서 집으로 돌아왔고, 식물이 잘 자랄 만한 완벽한 장소를 찾아 정원 한쪽에 두었다.

첫해에는 이 식물들이 별다른 일을 하지 않았다. 여름이 왔다 가는 동안 내가 볼 수 있었던 것은 듬성듬성 자란 줄기 몇 개가 고작이었다. 그러나 이듬해에는 많은 것이 달라졌다. 개체마다 폭발적으로 생장해 한여름이 되자 완전히 번식 모드에 돌입했다. 줄기는 꽃송이로 빽빽한 화서를 피워 내기 시작했고, 꽃봉오리 바로 밑에는 방사성으로 작은 잎이 달렸는데 화서가 성숙하면서 서서히 초록색에서 짙은 빨간색으로 변했다. 색의 변화는 첫 번째 꽃이 터져 나오면서 절정에 다다랐다. 모든 생장이 오로지 성(性)을 중심으로 이루어졌다. 그 전개 과정을 보면서 베르가못 식물의 번식 전략에 관해 더 깊이 알게 된 기분이 들었다. 꽃은 한 번에 다 피지 않았고 화서 밑바닥에서부터 시작해 1~2주에 걸쳐 위로 가며 순차적으로 개화했다.

첫 번째 꽃이 열리고 이틀 만에 우리 집 베르가못은 이미 정원의 스타가 되었다. 나는 벌 여러 마리가 꽃꿀을 마시려고 시도하는 모습을 목격했다. 작은 벌들은 대체로 분투하고 있었다. 꿀이 들어 있는 통 모양의 관 바닥까지 닿지 못해서다. 몇 번 시도하다 포기하는 녀석이 있는가 하면, 위로 올라가 꿀 대신 꽃가루를 가져가는 놈도 있었다. 더 현명한 놈들은 바깥에서 꽃의 기부를 갉아 작은 구멍을 내어 힘들이지 않고 꽃꿀을 빨아 먹었다. 모든 벌의 활동이 흥미진진했지만 어쩐지 뭔가 빠진 듯한 찜찜한 기분이 들었다.

성공적인 수분 매개자로 여겨지려면 방문객은 꽃의 생식기관에 제대로 접촉해야 한다. 그러지 않으면 수분이 일어나지 않기 때문이다. 내가 보았던 벌들이 그런 경우인 것 같았다. 꽃의 바닥에 구멍을 내어 접근하는 것은 도둑질에 지나지 않는다. 꽃가루를 수집하느라 끝에 매달린 작은 벌들이 그나마 보탬이 되는 일을 하고 있었다. 그렇더라도 이깟 벌들을 끌어들이려고 이렇게 눈에 띄는 화려한 꽃을 준비한다는 것은 식물 입장에서 큰 에너지 낭비가 아닐 수 없다. 이런 생각에 빠져 있던 중 문득 1년 전 처음 이 꽃을 사게 된 계기가 떠올랐다. 맞다, 벌새. 과연 벌새는 내가 자기를 위해 심어 둔 이 포상을 발견했을까? 분명 예전에 뒤뜰에 있던 인공 모이통에 관심을 보인 벌새를 본 적이 있으니, 이 지역에 벌새가 살고 있는 것은 확실했다. 나는 뒤로 물러나 인내심을 발휘해야 했다. 1~2미터쯤 떨어진 곳에 캠핑용 의자를 펴고 앉아 무작정 기다리기 시작했다.

한 시간이 채 못 되었는데 머리 위쪽에서 웅웅대는 소리가 들렸다. 나는 초록색으로 번쩍하며 베르가못으로 급강하하는 빛줄기를 보았다. 붉은목벌새 암컷 한 마리가 꽃꿀을 마시기 위해 앉아 있었다. 그 우아한 몸놀림은 토종벌의 이설픈 식사 태도에 비하면 단연 돋보였다. 이 벌새를 관찰하다 보니 벌들은 그냥저냥 괜찮은 수분 매개자인 반면, 베르가못은 이 벌새의 먹이 습관에 맞춰 진화한 게 분명해 보였다. 벌새는 길고 날씬한 부리를 관으로 천천히 밀어 넣었다. 꽃을 탐색하며 바닥의 꽃꿀을 마실 때 꽃밥과 암술머리가 모두 새의 머리에 닿았다. 같은 동작이 다른 꽃에서도 반복되었고 그 정확성은 말할 수 없이 놀라웠다.

베르가못의 형태를 연구한 결과를 보면, 이 꽃의 구조가 벌새의 먹이 습관과 신체 구조에 유리하게 맞춰졌다고 한다. 실제로 꽃의 아래쪽 꽃잎은 벌새의 부리를 안내해 새의 머리가 수분에 딱 알맞은 자리에 오도록 인도했다. 그 장면을 내 눈으로 직접 보기 전까지, 나는 저 경이로운 공진화의 복잡성을 전혀 깨닫지 못하고 있었다. 전에는 수분을 생각하며 꽃의 형태적 구조의 중요성을 염두에 둔 적이 없었으니까. 이 꽃들은 더 이상 단순한 아름다움의 대상도, 수분 매개자를 관찰하기 위한 미끼도 아니었다. 우리 집 뒤뜰의 베르가못은 식물이 주변 생명체를 형성하고 그로 말미암아 식물 자신도 형성된다는 사실을 확실히 느끼게 해 준 커다란 계기가 됐다.

내 정원 가꾸기는 하루를 마치고 집 안으로 들어가서도 끝나지 않았다. 식물 중독이 절정에 달한 나머지, 내 주변 어디에서나 항상 식물로 둘러싸여야 마음이 놓였다. 하지만 이는 온대지방에 산다면 힘든 일이다. 뉴욕주 서부만 해도, 바깥에 나가 정원을 꾸미고 식물을 탐사할 시간이 1년 중 고작 3개월 밖에 안 된다. 가을이 되어 식물이 동면을 준비하면 내 행복도 휴면 상태에 들어설 수밖에 없었다. 긴 겨울을 온전한 정신으로 보낼 요량이라면 집 안에서도 식물을 길러야 했다.

실내 식물은 언제나 내 삶의 일부였다. 내가 어렸을 때, 엄마는 천남성과 식물인 스킨답서스를 엄청나게 키우고 번식시켰다. 이 열대 덩굴을 심은 수많은 화분과 매달린 바구니가 집 안 곳곳에 있었다. 누나나 내가, 또는 개가 옆을 지나다가 잘못해서 줄기를 부러뜨리면 엄마는 잘린 부분을 들고 나가 흙에 심곤 하셨다. 생명이 있는 것을 내다 버릴 수 없는 분이셨다. 돌이켜 보면, 저 부러진 줄기조차 여전히 살아 있고 생명의 가치가 있다는 엄마의 고집스러운 철칙이야말로 식물이 단지 예쁜 장식물이 아닌 살아 있는 생명체라는 생각을 내게 주입한 것 같다. 이 철학은 내가 깨달았든 아니든 나와 함께했고, 내가 실내 식물을 키우는 방식을 크게 좌우했다. 모든 실내 식물은 그 종의 생태를 알아볼 새로운 기회였다.

하루는 여자 친구가 지금까지 본 적 없는 아주 근사한 식물을 선물했다. 밝은 노란색 화분에서 두툼하고 강렬한 붉은색 줄기 몇 개가 올라왔는데, 그 끝에는 나선형으로 잎이 달려 있었다. 잎을 만지면 기분 좋은 벨벳 느낌이 났고, 가장 밝은 부분을 빼면 검게 보일 정도로 짙은 초록색이었다. 밝고 빨간 평행의 잎맥은 길게 흐르고 있었는데,

어둠을 방해하며 빛나는 네온사인 같았다. 이 아름다운 잎을 뒤집으면 어두운 적갈색이 나타났다. 나는 전에 한 번도 보지 못한 새로운 종류의 다육식물이라고 확신했다. 그러니 그녀가 이 기이한 식물을 두고 난초라고 했을 때 내가 얼마나 기함했겠는가.

이 식물은 흔히 보석란(jewel orchid)이라고 부르는 난과 식물이었는데, 말할 것도 없이 그 독특한 줄기와 잎의 배색 때문에 붙은 이름일 것이다. 학명이 루디시아 디스콜로르(*Ludisia discolor*)인 이 식물은 당시에 내가 알던 난초와는 모든 게 모순되었다. 먼저 이 식물은 평범한 화분용 흙에 심겨 있었다. 그때까지 내가 아는 모든 난은 나무껍질로 채워진 화분에 살았다. 왜냐하면 원예 시장에 나오는 많은 난초가 토양층이 풍부하지 못한 나뭇가지나 줄기에 붙어사는 착생식물이기 때문이다. 그러나 내 앞에 있는 난초는 흙에서 사는 걸 좋아하는 모양이었다. 또 한 가지 모순은 저 두꺼운 다육성 줄기와 섬세하고 가녀린 잎 사이의 불연속성이었다. 이 식물이 자생하는 곳은 어디일까? 다육성 줄기는 사막 환경을 암시하는 반면 저 얇은 잎은 훨씬 습한 곳을 의미했다. 저 강렬한 색의 배합은 또 무엇일까? 마지막으로 이 식물의 꽃은 무엇을 닮았을까? 나는 난과 식물이 세상에서 가장 희한하게 생긴 꽃을 피운다는 것을 알고 있었다. 분명 이 난초도 뭔가를 가장하고 있는 게 틀림없다. 다시 한번 호기심이 일었다.

머릿속에서 보석란을 향해 쏟아 내는 질문에 답을 찾으려고 인터넷을 뒤지면서 나는 한 가지 패턴을 눈치 챘다. 이 식물에 관해 나와 있는 정보는 대부분 이 식물을 키우는 방법에 집중되어 있었다. 보석란은 장식성이 뛰어난 잎 때문에 키우는 것이고 주기적으로 꽃을 피우기는 하지만 꽃 자체는 별로 내세울 게 없다고들 했다. 그런 모욕적인 글을 보자 보석란 꽃이 더 보고 싶어졌다. 내가 찾은 정보에서 또한 가지 거슬리는 점은 이 식물의 원산지를 두고 의견이 분분하다는 사실이었다. 중국 남부라고 하는 이들도 있고, 태국이라고 주장하는 사람도 있었다.

원예 애호가들이 자신이 아끼는 식물로부터 단절되어 있다는 사실이 이상했다. 식물을 키우면서 나는 생물의 한 종류로서 식물에 대한 존중이 깊어졌다. 그래서 사람들이 어떤 식물에 대해 그리 많은 정성과 시간을 들이면서도 정작 그 식물이 어디에서 왔고 야생에서는 어떻게 자라는지에 대한 일말의 호기심도 가지지 않는다는 점이 의아했다. 식물의 생태에 관한 기본적인 사실을 알게 되면 키우기가 훨씬 쉬워질 텐데 말이다. 물론 모두 그런 것은 아니다. 그러나 식물에 관한 지식을 쌓다 보니, 거슬릴 정도로 많은 소위 '식물 집사'들이 이런 식으로 생각한다는 것을 알게 되었다. 나는 되도록 많은 사실을 배우고 아는 것으로 이 요상한 난초를 예우해야 했다. 그래서 이 종에 관해 어느 정도 완성된 그림을 그릴 때까지 검색을 계속했다.

정보의 조각들을 잘 맞춰 보니, 보석란은 중국과 동남아시아 전역의 따뜻한 열대림에 자생하는 식물이었다. 다른 식물의 표면에 붙어서 착생식물로 자라는 대신, 숲 바닥의 짙은 그늘 속에서 살아간다. 대부분은 뿌리를 흙에 집어넣지 않고 식물이 분해되어 형성된 낙엽층에서 자란다. 다육성 줄기는 필요할 때 물을 제공하고, 어두운 배색은 숲 지붕 아래에서 거의 존재하지 않는 빛을 이용하거나 태양이 하늘에서 큰 호를 그리며 이동할 때 걸러지지 않고 통과한 광반(光斑)으로부터 광합성 기계를 보호한다고 여겨진다. 많은 하층부 식물이 비슷한 색상 배열을 공유하지만, 과학자들은 그 이유에 합의하지 못했다.

내가 보석란 꽃을 보고 감탄하기까지는 좀 더 오랜 시간이 걸렸다. 마트에서 보는 나도풍란속 꽃에 비하면 훨씬 작고 수수하긴 하지

보석란의 하얀색 꽃과 어두운 벨벳 촉감의 잎이 보이는 대조는 숨이 막힐 정도로 아름답다.

만, 보석란 꽃 역시 환상적인 구조를 지니고 있었다. 성숙한 개체는 약 1년에 한 번씩, 나선형으로 달린 잎의 중간에서 솜털이 난 줄기를 뻗어 내기 시작한다. 그 줄기는 점차 길어져서 마침내 끝을 향해 꽃눈이 달리고 툭 하고 열리면서 꽃이 드러나는데, 처음에는 계란프라이로 묘사하는 게 최선이다. 꽃받침과 꽃잎은 새하얗지만 수술과 암술이 들어 있는 기둥은 밝은 노란색이다. 나머지 식물의 어두운 색조와 대비되어 꽃대는 믿을 수 없는 장관을 선사한다. 어떻게 식물 애호가라는 자들이 이런 꽃을 깎아내리는지 나로서는 이해가 잘 안 된다. 야단스러운 교잡종이 대량생산 되면서 사람들의 눈을 버려 놓은 것 같다.

보석란 꽃은 가까이 들여다보았을 때 더 매력적이다. 꽃 한 송이를 똑바로 보고 있으면 형태에서 어딘가 어색한 점이 느껴진다. 난꽃은 대부분 좌우대칭이라 가운데에 선을 그으면 서로 마주 보는 거울 이미지가 된다. 반면 보석란 꽃은 특이하게도 비대칭이다. 이 비대칭은 항상 꽃의 오른쪽을 향하는 생식기관의 특이한 꼬임의 결과이다. 어떻게 이런 특이한 형질이 현화식물에서 가장 중요한 기관에 일어났을까? 그 답은 난초가 수분 매개자에 얼마나 철저한 맞춤형으로 진화했는지에 있다.

난꽃은 일반적인 꽃과는 다른 방식으로 수분한다. 보통 꽃은 꽃가루를 대량 생산해 수분 매개자에게 뿌리지만, 난꽃은 훨씬 인색하다. 꽃가루를 먼지처럼 날리는 대신 화분괴라는 한 쌍의 주머니 속에 잘 포장한다. 화분괴는 점착제라는 끈적한 구조물에 달려 줄기 끝에 부착된다. 꽃가루를 이처럼 꾸러미로 묶어서 보관한다는 것은 한 방의 성공을 노린다는 뜻이다. 새 종자의 아빠가 될 기회가 한 번뿐이라는 것은 변변치 않은 전략처럼 보일지도 모른다. 하지만 난초가 먼지 같은 씨앗을 수없이 많이 생산한다는 사실을 생각하면, 딱 한 번 성공해도 그 결과는 수천수만의 잠재적 자손이다.

난과 식물은 수분 매개자에 관해서도 대단히 까다롭다. 대부분 한 종의 식물을 정식으로 수분하는 매개자는 한 종으로 제한된다. 물론 예외는 있으나 그것도 같은 속에 속하는 식물을 벗어나지 않는다. 이런 특이성의 핵심은 꽃 자체의 형태적 복잡성 때문이다. 수분 과정을 열쇠와 자물쇠로 설명해 보자. 난과 식물의 꽃은 시간이 지나면서 정교한 모양, 크기, 색깔, 냄새로 진화하며 오직 특정 수분 매개자만 그 꽃의 구조에 정확히 들어맞아 화분괴를 집어 들게 한다. 수분 매개자가 꽃을 탐색할 때 꽃받침과 꽃잎의 구조가 방문객을 화분괴와 접촉할 알맞은 자리로 안내한다. 그다음에는 끈적한 점착체가 수분 매개자 몸의 적절한 지점에 풀을 발라 다른 꽃에 갔을 때 원하는 장소에 정확히 꽃가루를 전달하게 한다. 그 방식이 하도 다양하게 변형되어 난과 식물의 복잡한 성생활만 따로 연구한 학자, 논문, 책이 있을 정도다. 다음 장에서 일부 특별한 예를 다루겠지만 먼저 사랑스러운 보석란으로 돌아가 이야기를 마무리 짓자.

보석란 꽃의 비대칭성은 전적으로 화분괴가 매달릴 위치와 관련이 있다. 중국 남부에서 수집된 증거에 따르면 루시디아속 식물을 수분하는 동물은 나비이다. 야생에서 보석란은 꽃이 피는 시간을 늘려 배추흰나비가 출현하는 시기와 개화기를 일치시킨다. 우리에게 친숙한 배추흰나비는 오늘날 북반구와 남반구를 모두 아우르며 전 지구적으로 분포하지만 원래는 유럽, 북아프리카, 아시아에서 자생하던 종이다.

알을 낳느라 분주한 시기가 아닐 때 배추흰나비는 에너지가 풍부한 꽃꿀을 찾아 탐험한다. 배추흰나비처럼 꽃꿀을 먹는 곤충은 개체군의 풍부도가 먹이량과 일치하기 때문에, 꽃이 많이 피는 식물을 찾는 경향이 있다. 따라서 보석란은 배추흰나비가 활동하는 시기에 개화기를 맞춰 나비의 관심을 얻을 기회를 최대로 늘린다. 보석란은 꽃의 아랫입술에 있는 작은 주머니 안에 소량의 꽃꿀을 숨겨 두고 나비에게 솔깃한 거래를 제시한다. 꽃의 비대칭적인 구조 덕분에 꽃을 방문한 나비가 앉아서 꿀을 먹을 수 있는 지점은 정해져 있다. 그 디딤판의 특정한 위치 때문에 화분괴는 나비의 다리에만 들러붙는다.

왜 진화가 나비의 다리를 다른 부위보다 선호했는지는 정확치 않다. 빨대주둥이나 머리가 아닌 다리에 화분괴가 붙으면 나비가 떼어 내려는 시도를 덜 하기 때문일까? 아니면 난꽃의 구조상 달리 선택의 여지가 없는 상황에서 우연히 화분괴가 다리에 붙은 것이 번식에 이롭게 작용한 바람에 계속 유지하게 되었는지도 모른다. 두 종의 선조가 서로 어떤 관계였는지 제대로 알지 못하므로 할 수 있는 것은 추측뿐이다. 어쨌거나 확실한 것은 이 방식으로 보석란이 번식에 성공했다는 점이다.

이 신통방통한 식물을 배우며 나는 원예학적으로나 생태학적으로나 난초의 세계에 완전히 빠져들었다. 종묘사나 상점에서 흔히 판매하는 종은 익히 알고 있었고 야생에서도 한두 종 본 적이 있지만, 난초에 대해 깊이 생각해 본 적은 없었다. 그러나 난과 식물의 자연사를 처음 맛보면서 좀 더 깊이 공부할 필요를 느꼈다. 종 하나에 이렇게 놀랍고 복잡한 생활사가 진화했다니. 더구나 난초과는 현화식물 중에서도 독보적으로 다양한 분류군인데, 그렇다면 내 머릿속에 넣을 정보는 무한에 가깝지 않겠는가. 하룻밤 사이에 난과 식물은 모호한 호기심에서 제대로 무르익은 집착의 대상이 되었다. 나는 '난초 열병'에 걸리고 말았다. 빅토리아 시대 이후로 수많은 사람이 앓았다는 그 병 말이다. 다행히 오늘날 난초는 종묘사에서 쉽게 구할 수 있다. 나는 정당한 과정을 거쳐 공급된 난초를 찾아서 키우며 알아보고 연구했다. 지난 몇 년 동안 내 난초 수집품은 크게 늘었고 나는 그 하나하나를 알아 가는 재미를 즐겼다.

집 안팎에서 식물을 기르는 동안, 나는 생물 종의 중요성을 더 깊이 깨우치게 되었다. 보석란 같은 식물은 단순히 생물 다양성 목록 위에 숫자로 표시되는 종이 아니다. 함께 서식지를 공유하는 다른 모든 종과 더불어, 우리가 아직 밝혀내지 못한 방식으로 과거와 미래를 연결시켜서 진화적 역사의 중요한 스냅샷을 제공하는 식물이다. 정원 가꾸기는 나를 더 큰 규모의 환경과도 연결시켰다. 보석란의 생육 환경을 재현하기 위한 노력을 통해, 나는 이 식물의 서식지가 얼마나 섬세한지 이해하게 되었다. 식물을 절멸에 이르게 하는 것은 규모가 큰 서식지 파괴만이 아니다. 작은 교란도 이 멋진 난과 식물을 사라지게 할 수 있다. 그리고 기억하길 바란다. 이 식물은 그것이 몸담은 숲 생태계에서 단지 한 참여자에 불과하다는 사실을.

식물이 나를 나머지 자연 세계와 연결한 과정은 정말 놀라웠다. 내 녹색 혁명은 축복이자 저주였다. 식물을 사랑하게 될수록 그들이 처한 역경을 알게 되면서 정신이 번쩍 들었다. 그러나 잘 자라는 식물이 주는 보상은 거부할 수 없이 크다. 이는 일상의 고난에서 잠시 도피하도록 도울 뿐 아니라 다른 식물과 지구에 더 잘하라는 영감을 주었다. 영원히 절망 속에서 뒹굴 수는 없다. 관심과 사랑이 있다면 그 대상을 위해 최선을 다해 싸워야 한다. 이때 내가 할 수 있는 방법은 식물을 열심히 배우고 식물의 멋진 스토리를 세상 사람들에게 전하는 것이었다.

매년 나는 식물이 자라고 성숙하고 꽃을 피우는 모습을 관찰한다. 그러면서 내 행동 루틴이나 식물이 선반에서 차지하는 공간의 작은 변화가 어떻게 그 궤적을 변화시키는지 주목한다. 나는 식물이 화분에서 자라 나오고 새 잎을 펼치는 것을 보면서 그 생명 현상에 대한 통찰을 얻는다. 개화의 순간은 속씨식물을 키우는 가장 큰 보상의 하나이다. 꽃이 핀다는 것은 식물이 저에게 필요한 것을 대체로 잘 얻고 있음을 알리는 방식이다. '대체로'라는 말을 쓴 것은 어떤 식물은 꽃이 피고 나면 죽어 버리기 때문이다. 다행히 내게는 이런 일이 자주 일어나지 않는다. 그러나 인간은 꽃의 아름다움만 알고 지구를 함께 나누어 쓰는 식물의 번식 습성에는 놀라울 정도로 무지하다. 나는 운이 좋아 보석란의 수분 과정을 연구한 자료를 찾을 수 있었지만, 많은 식물에 대해 그런 정보가 존재하지 않는다. 답을 기다리는 질문이 너무도 많다.

성장하면서 나는 항상 과학의 '낮게 달린 열매' 대부분이 이미 모두 수확되었다고 생각했다. 최신 연구의 세부 사항은 이해하기 어렵고, 이제는 발견할 만한 새로운 내용이 하나도 남지 않았다고 느꼈다. 그러나 막상 시작해 보니 그렇지 않았다. 아직 자연에는 미스터리가 풍부하다. 특히 저 먼 열대우림 깊숙이에서 자라는 작은 난과 식물처럼 '난해한' 생물에 관해서는 더욱 그렇다. 또한 수수께끼는 멀리 동떨어진 외지에만 존재하는 게 아니다. 우리가 사는 집 뒤뜰에도 미스터리가 존재한다. 그저 누구도 물어볼 생각을 하지 않고 조사할 시간을 내지 않았을 뿐이다.

시간을 내어 관찰하는 행위는 모든 과학의 핵심이다. 특히 수분을 연구하는 이들에게는 더욱 그러하다. 팟캐스트를 운영하면서 훌륭한 수분 생태학자들과 함께 이야기할 행운이 종종 있는데, 어떤 식물이나 수분 매개자를 연구하든 공통되는 한 가지는 수분 연구가 어렵다는 사실이다. 앞에서도 언급했지만 한 동물이 식물의 생식기관을 방문했다고 해서 그 식물의 효과적인 수분 매개자라고 말할 수는 없다. 또한 보석란이 가르쳐 주었듯이, 꽃가루받이는 벌이 꽃을 찾아가 꽃가루를 뒤집어쓰고 다른 꽃으로 가기만 하면 되는 단순한 일이 아니다. 수분 작용은 일반적인 것에서 극도로 특수한 것 사이에서 다양한 스펙트럼을 형성한다. 또한 수분은 꽃이 피는 식물에서만 일어나는 현상도 아니다. 소수의 겉씨식물과 선태류까지도 수분 게임에 뛰어들어 놀라운 방식으로 참여한다. 내가 난초와 그 밖의 호기심을 불러오는 식물을 기르며 배운 게 있다면, 식물의 성은 정말 특이하다는 사실이다. 다음 장에서 그 이야기를 계속해 보자.

3장

식물의 성,
그 거친 세계

이런 상상을 해 보자. 번식을 하려면 먼저 팔 밑에 작은 세포 꾸러미를 만들어야 한다. 내가 만든 꾸러미에는 내 유전 물질의 절반이 들어 있다. 꾸러미가 완성되면 어디든 상관없이 무작정 주위에 투척한다. 대부분은 성공하지 못한다. 일부는 나무에, 연못에, 또 바람에 날려 바다에 떨어진다. 그런 건 개의치 않는다. 꾸러미는 아직도 많이 남아 있으니까. 마침내 꾸러미 하나가 적당한 장소에 착륙한다. 다른 이들이 만든 꾸러미도 함께 안착한다. 이제 꾸러미가 '발아'하고, 나와는 모양이나 형태가 전혀 다른 것이 자라기 시작한다.

그 꾸러미에서 자라는 것은 쭈글거리는 다육질 판인데, 나보다 몇 배는 작다. 판이 자라면서 이상한 구조물이 형성되기 시작한다. 초소형 화산을 뒤집어 놓은 것처럼 생겼다. 다른 꾸러미들도 동시에 같은 과정을 거친다. 다육질 판들은 서로 닿을 만큼 자란다. 그러나 아직은 달리 하는 일 없이 그저 자리만 지킨다. 뭔가를 기다리고 있다.

그러던 어느 날 비가 오기 시작한다. 판 아래로 물이 고이자 마침내 변화가 시작되었다. 화산 같은 구조물에서 뭔가 스며 나오더니 웅덩이에 들어간다. 확대해서 보면 아주 작은 세포가 물길을 따라 헤엄치는 모습이 보일 것이다. 저 헤엄치는 세포는 정자다. 세차게 흔드는 편모가 정자의 움직임에 동력을 준다. 그중 일부가 마침내 화학 신호를 따라간다. 최대한 빠른 속도로 신호가 나오는 쪽을 향한다. 그 신호는 다른 판에 있는 화산 구조물에서 나오는 것이다. 정자가 그리로 들어가 안에 있던 난자와 만난다. 정자와 난자가 융합하고 유전물질을 결합하여 접합자가 된다. 이 접합자에는 유기체를 생성하는 데 필요한 DNA 두 세트가 완벽하게 들어 있다. 그리고 점점 발달하고 생장하면서 접합자의 모습은 다육질 판이 아닌 나를 닮기 시작한다. 접합자가 잘 발달해 제 할 일을 마친 다육질 판보다 커지기까지는 오래 걸리지 않는다. 번식이 완료되고 성장하는 자손을 남긴 채 다육질 판은 시들어 없어진다. 나는 번식에 성공했다. 이 과정은 다시 반복될 것이다.

실제 우리가 이런 식으로 번식한다면 아주 이상하지 않을까? 이 과정은 낯설게 들리지만, 이와 같은 번식 방식은 수억 년 지구에서 진화했고 현재도 거의 그대로 작동하고 있다. 위에서 요약한 것은 고사리의 번식 방식으로, '세대교번'이라고 한다. 우리가 보통 양치류라고 부르는 깃털 모양의 아름다운 잎은 포자체 세대인데, 양치류 생활사의 절반에 불과하다. 포자체의 주요 기능은 포자를 생산하는 것이다. 포자는 주변으로 퍼져서 발아에 적당한 장소를 찾으면 생활사의 나머지 절반의 단계로 생장하는데, 그것을 배우체 세대라고 한다. 배우체는 독립생활을 할 뿐 아니라 성세포(정자와 난자)를 생산하고, 마침내 다른 성세포와 합쳐져서 또 다른 포자체가 된다.

양치류는 가계가 3억 6000만 년 전 데본기로 거슬러 올라가는 관다발식물(관속 식물)인데, 그렇다고 가장 오래된 육상식물은 아니다. 선류, 태류, 뿔이끼류 같은 비관다발 식물의 생활사는 더 독특하다. 이 식물의 생활사에서는 배우체 단계가 우점한다. 바위에 붙은 이끼나 개울둑의 이끼 군락을 발견했다면 그것이 배우체이다. 그 군락을 자세히 들여다보면 이끼마다 다른 장식물이 달린 것을 알 수 있다. 뿔이끼는 뿔을 닮았고, 우산이끼의 일부는 대에 달린 삭(capsule, 포자낭)을, 다른 일부는 작은 우산을 닮았다. 선류의 포자낭은 보통 긴 대 끝에서 만들어진다. 이 뿔과 삭과 우산이 모두 포자체인데, 여기에는 염색체 세트가 2개 있으므로 유전학적으로 그 식물의 나머지 부위와 구분된다. 그러나 포자체 세대가 배우체에서 독립한 양치류와 달리 선류, 태류, 뿔이끼류의 포자체는 물과 양분을 전적으로 배우체에 의탁하며 대부분 광합성 능력도 없다. 포자체와 배우체 사이의 관계는 기생체와 숙주의 관계와 흡사하다. 물론 번식의 필수적인 단계이므로 필요하고도 유익한 관계이긴 하지만, 그렇더라도 동물의 번식과 비교해 보면 색다른 방식임은 틀림없다.

현화식물의 성생활도 괴이하기는 마찬가지다. 번식에 제삼자가 개입한다는 사실만으로도 말이다. 게다가 그 제삼자는 대부분 자기가 다른 생물의 성생활에 관여하고 있다는 사실조차 모른다. 매개체의 형태 역시 다양하다.

이렇게 식물의 수분 방식은 그 자체로 하나의 주제가 된다. 이 장에서 우리는 식물의 성생활을 드러내는 놀라운 사례들을 살펴볼 것이다. 단, 늘 그렇듯이 이 책에서 소개하는 것은 극히 일부에 불과하다.

나는 이끼의 성생활을 배우고 나서야 이끼가 다른 친숙한 식물 못지않게 복잡하고 흥미로운 대상임을 깨달았다. 예전에는 이끼를 설명할 때 '하등의', '소형의', '원시의' 같은 단어를 사용하곤 했으나, 이 식물에 관해 살짝 맛만 보았는데도 저런 단어를 더 이상 내 마음속 선태류 어휘 사전에 올릴 수 없게 됐다. 이끼와 그 친구들은 시간의 시험을 통과한 믿음직한 진화의 성공작이다. 이 식물들의 생활사는 대단히 복잡하다. 다음 세대로 유전자가 확실히 전달되게 만드는 도구는 혀를 내두를 만큼 정교하다. 어떤 이끼는 현화식물 전용이라고 생각했던 생식적 관계까지 진화시켰다.

우리는 모두 곤충이 꽃가루받이하는 방식에 아주 익숙하다. 벌이 꽃을 방문해 꽃꿀을 마시다가 꽃가루를 몸에 묻힌 다음, 다른 꽃에 가서도 그 과정을 반복하는 것 말이다. 이 시나리오는 일부 이끼에서도 비슷하게 진행된다. 단, 이끼의 '수분 매개자'는 꽃가루가 아닌 정자를 운반한다. 이 과정이 가장 잘 연구된 사례는 지붕빨간이끼라고 불리는, 지구에서 가장 강인한 이끼 중 하나다.

지붕빨간이끼의 학명은 케라토돈 푸르푸레우스(*Ceratodon purpureus*)이다. 이 식물은 전 세계에 분포되어 있고 교란 지역에서 잘 살고 있을 뿐만 아니라 인간이 투척하는 온갖 종류의 환경적 맹습마저 문제없이 헤쳐 나간다. 불은 물론이고 독성 중금속을 포함하는 토양까지, 불굴의 지붕빨간이끼를 막을 것은 없다. 그러나 이 이끼의 생물학에서 흥미로운 것은 극한의 환경적 스트레스 아래에서 버티고 번성하는 능력만이 아니다. 지붕빨간이끼의 성적 습성은 더 흥미롭다. 보통 축축한 환경에서 생활하는 이끼 종은 암컷과 수컷의 성세포가 만나는 작업을 물이 담당하지만, 지붕빨간이끼에게는 그런 선택권이 매번 주어지지는 않았다. 그래서 지붕빨간이끼는 수이끼에서 암이끼로 정자를 전달하기 위해 톡토기라는 작은 절지동물을 적극적으로 기용하게 되었다.

톡토기는 매력이 넘치는 작은 생물이다. 작고 눈에 잘 띄지 않지만 몸이 바싹 마르지 않을 정도의 수분만 있으면 어디에서나 산다. 그런 의미에서 축축한 이끼 카펫은 톡토기에게 완벽한 서식지이다. 지붕빨간이끼는 톡토기에게 살 집을 마련해 주고 월세를 받는 대신 톡토기를 구슬려 제 번식에 필요한 심부름을 시킨다. 지붕빨간이끼 암이끼와 수이끼의 줄기는 복잡한 휘발성 냄새를 방출하는데 그 화학적

지붕빨간이끼는 톡토기라는 작은 절지동물을 이용해서 수분을 한다.

사진 출처 국립생물자원관(원작자: 김진석, 김선유)

조성을 톡토기가 유난히 좋아한다. 이 작은 절지동물은 화학적 미끼의 원천을 찾아 이끼의 줄기를 사방으로 기어 다니는데, 그러면 벌의 털에 붙은 꽃가루처럼 지붕빨간이끼의 정자가 톡토기 몸에 들러붙는다. 수컷 줄기에 방문하는 동안 온몸에 정자를 휘감은 톡토기는 더 진한 냄새를 찾아 떠나고, 암이끼의 줄기를 찾을 때까지 분주하게 움직인다. 암이끼의 줄기가 수이끼보다 화학물질을 더 많이 방출하기 때문에 그만큼 암이끼를 탐험하는 데 많은 시간을 들이고, 그러면서 암이끼의 생식기관에 정자를 묻힐 확률이 크다. 본질적으로 톡토기는 지붕빨간이끼의 '수분 매개자'이다.

톡토기를 유혹하는 지붕빨간이끼의 향내에 관해 정확히 알려진 바는 없다. 아마도 톡토기의 페로몬을 흉내 냈거나 일종의 먹이 보상이 작동하는지도 모른다. 어느 쪽이든 양쪽 모두 만족하는 관계이다. 지붕빨간이끼는 번식을 보장받고 톡토기는 돌아다니며 먹이를 얻을 훌륭한 장소를 얻게 되니까. 덧붙여 이끼와 톡토기의 조상이 지구에서 꽃이 진화하기 훨씬 전에 나타났다는 사실을 언급하고 싶다. 톡토기의 기원은 약 4억 년 전인 데본기로 거슬러 가고, 우리가 이끼라고 인지하는 식물은 최소한 2억 9800만 년 전인 페름기 이후에 존재했다. 개인적인 견해로는 지붕빨간이끼와 톡토기의 관계가 특이한 사례는 아니며, 수분을 조건으로 형성된 관계는 육상식물 자체만큼이나 오래되었다고 본다.

나는 현존하는 수많은 식물이 여전히 헤엄치는 정자를 생산한다는 사실에 꽤나 놀랐다. 수영하는 정자는 식물이 진화한 초기까지 거슬러 간다. 식물은 수생 해조류에서 기원했기 때문에 정자가 헤엄쳐서 난자한테 가는 능력은 번식의 가능성을 높였다. 그러나 헤엄치는 정자는 포자를 생산하는 식물에서 그치는 형질이 아니다. 다른 식물도 오랜 시간 이 형질을 지녀 왔지만 물에 덜 의존하게 진화했을 뿐이다. 식물은 꽃가루라는 작고 단백질이 풍부한 묶음으로 정자를 포장했는데 이는 정자가 건조되는 것을 막아 훨씬 먼 거리까지 무사히 운반하게끔 해 준다. 소철은 이런 번식 방식이 오늘날까지 유지되는 분류군이다.

내가 보기에 소철은 좀 더 주목받아야 마땅하다. 대표적인 소철이 사고야자(*Cycas revoluta*)라는 얼토당토않은 이름으로 불릴 정도로 취급이 형편없다(진짜 야자나무 중에도 사고야자라는 종이 있으나 소철과는 다르다-옮긴이). 야자라니 이렇게 족보를 무시하는 이름이 어디 있는가. 소철은 겉씨식물, 즉 씨방이 씨를 감싸지 않아 겉으로 노출된 식물이다. 다시 말해 꽃을 피우거나 열매를 맺지 않는다는 말이다. 소철의 생식기관은 구과라고 하는 솔방울 같은 구조이다. 각 개체는 암수 둘 중 한 성만 지닐 수 있고 수나무에서는 꽃가루가 잔뜩 들어 있는 구과를 만든다. 소철은 벌, 말벌, 나비와 같은 익숙한 곤충이 등장하기 훨씬 전에 진화했기 때문에, 보통 소철이 바람으로만 수분한다고 오해하는 경우가 많다. 물론 그런 종도 있지만 최근 과학자들은 많은 소철의 수분에 곤충이 중요한 요인임을 알게 됐다. 게다가 이 관계는 고도로 특화되어 보통 정해진 한두 종 사이에서만 일어난다.

소철의 수분은 딱정벌레의 서비스로 이루어진다. 별로 놀라운 사실은 아니다. 소철과 마찬가지로 딱정벌레도 벌, 나비, 새보다 훨씬 전에 진화했기 때문이다. 어떤 딱정벌레는 소철의 구과를 짝짓기하고 알을 낳는 장소로 활용한다. 예를 들어 남아프리카소철의 암수 구과는 적어도 두 종류의 딱정벌레에게 짝짓기 장소로 인기가 있다. 딱정벌레는 수나무의 구과를 방문해 교미하고 알을 낳는다. 부화한 유충

소철과의 관목들은 꽃가루가 든 구과를 만들어서 번식한다.

사진 출처 국립생물자원관(원작자: 현진오)

은 꽃가루를 먹으면서 자란다. 성장을 마친 수컷 딱정벌레는 필연적으로 제 작은 몸 여기저기에 꽃가루를 바른 채 수나무 구과에서 나온다. 그리고 일부는 그대로 소철 암나무를 방문하면서 일을 마무리 짓고 생활사가 반복된다. 딱정벌레가 제 업무를 보면서 동시에 암나무를 수분하는 것이다.

딱정벌레는 다른 놀라운 곤충 집단과 소철의 꽃가루받이를 공유하는데, 이는 삽주벌레다. 톡토기처럼 삽주벌레도 오래된 곤충 분류군이다. 일반적으로 삽주벌레는 식물의 해충으로 여겨지지만, 오스트레일리아 고유 식물인 마크로자미아속(*Macrozamia*) 소철에게만큼은 소중한 수분 매개자이다. 삽주벌레는 시원하고 건조하며 어두운 장소를 번식지로 선호하는데, 마침 마크로자미아 수나무의 구과가 이 모든 걸 갖췄다. 삽주벌레가 수나무의 구과에만 머문다면 수분은 일어나지 않겠지만, 다행히 마크로자미아 수나무한테는 삽주벌레를 쫓아내는 재간이 있다. 특별한 대사 과정을 통해 마크로자미아 수나무는 구과 내부에서 열을 발생시키고 그 과정에 습기를 늘린다. 동시에 모노테르펜이라는 화합물을 생산하기 시작한다. 열, 습기, 모노테르펜의 조합은 그 안에 머무는 삽주벌레를 불편하게 만들고, 이 때문에 삽주벌레는 새로운 집을 찾아 길을 나선다. 꽃가루 범벅이 된 채 쫓겨난 삽주벌레는 마침내 마크로자미아 암나무의 구과 안으로 기어들어 간다.

마크로자미아 암나무의 구과는 열이나 휘발성 화합물을 생산하지 않으므로 삽주벌레에게 훨씬 호의적인 환경이다. 그 안에 자리 잡은 삽주벌레는 자신의 몸에 덕지덕지 붙은 꽃가루를 밑씨에 접촉시키는데, 일단 접촉이 일어나면 꽃가루가 밑씨와 합쳐져 관이 자라기 시작한다. 이 시점에 꽃가루는 거의 기생체처럼 행동하는데, 밑씨 조직에서 양분을 빨아들이고 그 과정에서 조직을 파괴하기 때문이다. 마침내 관이 난자와 만나면 꽃가루가 터지면서 정자가 방출된다. 소철의 정자는 인간의 정자와는 모양이 완전히 다르다. 요동치는 편모가 동심성 고리를 이루는 작은 씨앗처럼 생겼다. 이 시점에 필요한 것이 바로 저 편모다. 정자는 암꽃의 배우체에 도달할 때까지 밑씨 안을 헤엄쳐 다니는 작은 잠수함이다. 이렇게 수정이 완성된다. 소철은 암수의 결합을 위해 바깥 세계의 물이 필요하지 않다. 대신 암꽃은 밑씨 안에 직접 수분이 있는 환경을 만들어 이 과정을 주도한다.

방금까지 보았듯, 흔히 '원시적'이라고 언급되는 많은 식물이 번식을 달성하기 위해 극도로 복잡한 과정을 거친다. 그저 우리 눈으로는 관찰하기 어려운 작은 규모로 그 일을 해낼 뿐이다. 그리고 그 과정에서 예상치 못한 생물과 협업하는 일이 많다. 벌과 같은 친숙한 참여자가 등장하는 것은 현화식물이 진화한 다음이다. 현화식물의 꽃가루받이가 지구에서, 특히 인간의 식량을 상당 부분 책임진다는 걸 감안하면, 가장 중요한 과정임은 분명하다. 사실 우리는 꽃과 벌에 대해 귀에 못이 박힐 만큼 들은 나머지 곤충의 수분을 당연하게 생각하는 경향이 있다. 그러나 현화식물이 방문객을 꾀어낼 때 사용하는 전략 또한 앞에서 방금 배운 것만큼이나 훌륭하고 낯설다.

수분 과정을 책임진다고 인정받는 곤충에는 벌 말고도 나비가 있다. 색색의 꽃 사이를 날아다니는 알록달록한 날개는 우리 머릿속에 대표적인 꽃가루 전달자로 각인되었다. 그러나 사실 나비는 의외로 형편없는 수분 매개자다. 종 대부분이 꽃을 수분하는 데 필요한 해부학적 구조를 갖추지 못했다. 그렇다고 나비가 꽃의 수분에 일조하지 않는다는 말은 아니다. 앞에서 보았듯이 적어도 보석란 한 종은 성공적으로 번식하려면 나비가 절대적으로 필요하다. 물론 보석란만은 아

백합의 갈색 꽃가루가 쥐방울덩굴호랑나비의 날개에 묻었다.

니다. 큰 꽃을 피우는 많은 백합과 식물이 섹스에 나비를 끌어들인다.

백합과 식물 중 하나인 미국터어반나리(*Lilium superbum*) 역시 큰 나비의 날개를 이용해 꽃밥의 꽃가루를 성공적으로 암술머리에 옮긴다. 그 과정은 이 꽃의 어두운 꽃가루 색깔 덕분에 쉽게 관찰할 수 있다. 미국터어반나리가 피는 적당히 큰 꽃밭에 자리를 잡고 지켜보고 있으면, 얼마 지나지 않아 호랑나비 한 마리가 꽃꿀을 마시려고 현란한 색의 꽃 위에 내려앉는다. 꽃이 아래로 고개를 숙이고 있기 때문에, 나비는 거꾸로 날아야만 꽃 속의 풍성한 꿀을 마실 수 있다. 이때 나비는 안정적으로 자세를 잡기 위해 날개를 퍼덕이는데, 아름다운 날개가 요동칠 때마다 꽃밥의 커피색 꽃가루가 묻는다. 마침내 나비의 날개 바깥쪽에 커다란 갈색 꽃가루 얼룩이 진다. 이 얼룩을 보면 누가 나리를 방문했는지 바로 알 수 있다. 그러고 나서 나비가 꽃에서 꽃으로 이동하면 꽃가루가 묻은 커다란 날개가 긴 암술대 끝의 끈적한 암술머리에 닿게 되고, 그렇게 수분이 이루어진다.

나비의 수분도 흥미롭지만 나방에 비교할 바는 아니다. 나방은 나비목 수분 작용의 진정한 인기 스타이다. 나방은 나비보다 개체수도 많거니와 수분에 훨씬 효율적이기도 하다. 그 완벽한 예로 아주 기묘하고 특별한 관계가 있다.

조도만두나무속(*Glochidion*) 식물의 성생활을 살펴보자. 아시아에서 자생하는 이 나무는 작은 나방과 절대적인 수분 상리공생을 시작했다. 이 분류군의 꽃은 그 나방의 행동에 특화되어 다른 곤충은 수분할 수 없다. 서비스의 대가로 암나방은 나무의 열매를 제공받아 알을 낳고 유충을 먹인다. 이 정도가 뭐가 이상하냐고? 조도만두나무속의 한 종이 이 관계를 완전히 새로운 차원으로 승격시켰다. 중국 동남부에 자생하는 글로키디온 랑케올라리움(*Glochidion lanceolarium*)이라는 종은 말 그대로 수분 매개자를 억류하여 포로로 삼는다.

수분 매개자가 보상을 찾아다니는 동안 우연히 일어나는 많은 수분 작용과 달리, 나방에 의한 조도만두나무속 식물의 수분은 다분히 의도적으로 진행된다. 저 식물의 꽃은 씨방 안에 박혀 있는 아직 자라지 않은 씨앗 외에 다른 보상을 제안하지 않는다. 우선 알을 밴 조도만두나무나방 암컷이 나무가 맞춤으로 제조한 특별한 향에 끌려 꽃이 만개한 나무를 찾아온다. 나무에 도착한 나방 암컷은 먼저 수꽃을 방문해 꽃가루를 집어든 다음, 암꽃으로 이동해 이 나방의 빨대주둥이로만 접근할 수 있는 특별한 방에 꽃가루를 채워 넣는다. 그러고 나서 나방은 꽃의 씨방을 찾아가 바늘처럼 생긴 산란관을 찔러 넣고, 미성숙한 열매 안에 알을 낳아 유충이 먹이 옆에서 부화하게 한다. 하지만 조도만두나무나방 유충의 먹성이 지나치면 나무가 가만두질 않는다. 열매 안에서 발달하는 수십 개 씨앗 중에 유충에게 허락되는 것은 1~2개 정도이다. 그렇지 않고 욕심을 부렸다가는 나무가 그 열매의 발육을 중지시켜 안에 있는 유충까지 죽여 버린다.

문제는 이 다음이다. 보통의 조도만두나무의 경우, 유충이 할당된 개수의 씨앗을 먹고 나면 열매를 갉아 탈출구를 만든다. 그 다음 번데기가 되고 이어서 성충으로 우화하여 생활사를 마무리하는 것이다. 그러나 글로키디온 랑케올라리움은 나방 유충이 탈출하는 것을 허락하지 않는다. 유충은 열매에 구멍을 뚫고 나오는 대신 1년 가까이 열매 안에 갇혀 있어야 한다. 맞다. 1년이다. 나무의 열매를 잘라 보면 부푼 씨방 안에서 완전히 모양을 갖춘 나방이 참을성 있게 기다리는 모습을 볼 수 있다. 열매가 잘 익어 벌어질 때야 그 안에 있는 나방이 풀려난다. 그때는 마침 새로운 꽃이 필 무렵이다. 해방된 나방은 이내 꽃을 찾아가고 그렇게 이 과정은 매년 계속해서 반복된다. 나무는 나방을 포로로 잡아둠으로써 유일한 수분 매개자가 자신의 번식에 유리한

때에 활동하도록 움직임을 조종하는 것이다.

곤충은 식물이 활용할 수 있는 가장 효율적인 수분 매개자이다. 그렇다면 주위에 곤충이 없다면 식물은 어떻게 할까? 지구에는 환경이 열악하여 곤충 개체군을 부양하기 어려운 장소들이 꽤 있다. 고산지대가 왕왕 그런 조건에 속한다. 고도가 높은 곳은 혹독한 날씨 탓에 수분하는 곤충이 들르기가 어렵다. 하지만 진화는 이런 상황에서도 꽃가루받이가 일어날 수 있도록 대안을 마련했다. 내가 가장 좋아하는 사례는 남아메리카의 고산지대에서 찾을 수 있다. 칠레에서 아르헨티나까지 험준한 능선을 따라 서식하는 칼케올라리아 우니플로라(*Calceolaria uniflora*)가 그 주인공이다.

영어로는 '다윈의 슬리퍼(Darwin's slipper)'라고 불리는 이 난과 식물을 한 걸음 뒤로 물러서서 보면, 줄기가 짧고 소형의 잎이 무더기로 모여 난 모양새를 하고 있다. 고지대 서식지에 적응한 식물에서 전형적으로 나타나는 모습이다. 이처럼 밀집해서 성장하는 식물을 '방석 식물'이라고 하는데, 이는 거센 바람과 낮은 기온에 대한 적응이다.

밀집 생장은 식물이 열악한 날씨에 최소한으로 노출되고 민감한 세포조직을 보호하는 우호적인 미기후가 형성되게 한다. 그런 면에서 다윈의 슬리퍼 꽃은 많이 특이하다. 꽃이 놀라울 정도로 크고 보란 듯이 높게 솟아나와 있으며 화려한 색상과 기이한 모양을 하고 있다. 기부는 노란빛이 도는 주황색이지만 꼭대기 근처에서 시작해 아래로 갈수록 밀도가 높아지는 선명한 붉은 반점과 얼룩이 있다. 꽃 바닥의 입술 꽃잎에는 흰색 도자기 색깔인 육질의 세포조직이 붙어 있다. 전체

다윈의 슬리퍼는 식물이 아닌 외계인처럼 보인다.

적인 꽃의 모양새는 굉장히 볼 만하다. 다만 저렇게 이국적인 꽃이라면 보여주려는 대상이 분명히 있어야 할 텐데, 아까도 말했듯이 이렇게 높은 산에는 꽃가루를 옮길 만한 곤충이 별로 없다는 점이 문제다. 대신 이곳에서 주로 발견되는 생물이라면 새, 특히 씨도요가 있다. 이 새가 바로 다윈의 슬리퍼의 성생활을 책임지는 생물이다.

씨도요는 남아메리카 고지대 초원에 사는 작고 사랑스러운 새다. 보통 제 영역 안에서 고산식물의 씨나 열매를 뜯어 먹으며 생활하는 초식성 동물이다. 씨도요 영역권 근처에서 자라는 다윈의 슬리퍼 군락을 잘 관찰해 보면, 하얀 부속물이 위치한 꽃의 낮은 입술 부위가 유독 뜯겨 있는 것을 알 수 있다. 실제로 근처에 씨도요가 있을 때는 저 하얀 부속물이 남아나질 않는데, 잘 지켜보면 씨도요가 다윈의 슬리퍼 군락을 주기적으로 찾아와 하얀 부속물을 쪼아 먹는 게 보일 것이다. 씨도요가 꽃의 바닥을 쫄 때 꽃밥과 암술머리가 새의 머리를 찧는데, 이때 씨도요 머리에 꽃가루가 뿌려진다. 반대로 먼저 방문한 꽃에서 묻혀 온 꽃가루가 있다면 암술머리에 묻는다. 그렇게 다윈의 슬리퍼는 꽃가루받이에 성공한다. 그렇다면 새에게 돌아가는 것은 무엇일까? 왜 씨도요는 저 육질의 하얀 부속물에 관심이 있을까? 조사해 보니 그 안에는 당분이 많아서 씨도요 식단에서 빼놓을 수 없는 영양 만점의 끼니가 된다고 한다. 다윈의 슬리퍼와 씨도요의 관계는 굉장히 이국적으로 보일지도 모르지만, 두 종 모두 얻는 것이 확실하다. 곤충이 부족한 고산지대에서 다윈의 슬리퍼는 그 자리를 대신할 수분 매개자, 그것도 남다른 꽃가루 전달자를 섭외한 것이다.

수분 작용에 참가하는 날짐승은 곤충과 새만이 아니다. 최근 생태계 서비스의 하나로 꽃가루받이에 대한 관심이 늘어나면서, 박쥐가 수분하는 소수의 식물이 주목받고 있다. 예를 들어 많은 선인장이 박쥐에게 번식의 업무를 맡긴다.

변경주선인장(*Carnegiea gigantea*)이 그런 종이다. 변경주선인장 개체 하나가 성숙기에 도달하여 개화를 시작하려면 30년이 넘게 걸린다. 그러나 일단 발동이 걸리면 그때부터 이 식물은 시간을 낭비하지 않는다. 선인장 꼭대기에서 크림색 꽃다발이 만들어진다. 카리스마 넘치는 저 선인장의 팔은 대개 성숙한 개체가 생식능력을 늘리는 방식으로 여겨진다. 변경주선인장 꽃은 선인장 크기에 비하면 작은 편이지만, 대신 양으로 승부한다. 어둑해지면 다발로 모여 피는 꽃이 열리기 시작해 밤새 유혹의 향기를 풍긴다. 다양한 동물이 이 꽃을 찾아오는데, 주요 수분 매개자는 야행성인 작은긴코박쥐이다. 흥미롭게도 변경주선인장 꽃은 박쥐 암컷이 새끼를 기르는 동안 필요한 모유의 아미노산 생산을 돕는다고 한다. 두 종 모두 북아메리카 남서부 사막의 아이콘이며 둘 다 서로가 없이는 존재할 수 없다.

박쥐의 수분 작용은 파헤칠수록 희한하다. 우단콩속의 무쿠나 홀토니이(*Mucuna holtonii*)라는 특별한 종의 예를 들어 보자. 이 종은 중앙아메리카와 남아메리카 열대림에서 자란다. 아름다운 꽃으로 제작한 샹들리에처럼 아래로 길게 뻗은 가지에 화서가 매달린다. 변경주선인장처럼 무쿠나 홀토니이도 많은 경우 박쥐가 수분한다. 밀림에서 먹이를 찾는 일은 꽃꿀을 먹는 박쥐에게 복잡한 과제였는데, 박쥐가 먹이를 찾기 위해 음파 탐지보다 향기에 의존한다는 게 오랜 견해였다. 다른 박쥐의 먹이인 곤충과 달리 꽃은 항상 제자리에 머물기 때문에 반향정위(동물이 자신이 낸 소리의 반향 음파를 분석해 물체의 위치를 파악하는 방식-옮긴이) 방식에 걸맞지 않는다는 이유였다. 그러나 그런 가정은 박쥐의 소리를 포착할 정도로 민감한 마이크가 개발되면서 잘못된 것으로 드러났다.

고성능 마이크로 조사한 결과, 꽃꿀을 먹는 박쥐가 독특한 주파

변경주선인장은 미국 남서부를 상징하는 식물이다.

수의 음파를 활용해 반향정위를 시도한다는 사실이 밝혀졌다. 이 박쥐는 곤충을 먹는 제 사촌보다 훨씬 섬세하게 반향파를 분석한다. 박쥐가 수분하는 많은 꽃이 박쥐가 닿기 좋은 위치에 자리 잡는데, 무쿠나 홀토니이는 여기서 한 단계 더 나아간다. 이 식물의 화서는 콩과 식물치고는 굉장히 이질적인 형태이지만, 여전히 이 과에 전형적인 형태의 꽃으로 둘러싸였다. 익판(나비 날개 같은 꽃잎), 용골판(콩과 식물 꽃에서 제일 아래쪽에 있는 두 장의 꽃잎-옮긴이), 그리고 기판이라고 알려진 하나짜리 큰 꽃잎이 모두 중요하지만, 그중에서도 이 식물이 성공적으로 박쥐를 끌어당기는 비결은 바로 기판이다.

기판은 박쥐를 꽃꿀로 안내하는 역할을 한다. 그러나 엄밀히 말해 시각 자극을 사용하는 것은 아니다. 무쿠나 홀토니이 꽃은 박쥐가 먹이를 찾아 돌아다니는 밤에 개화한다. 꽃이 풍기는 향내를 맡고 박쥐가 근처로 찾아오면 그때부터 기판이 활약한다. 아직 수분이 일어나지 않은 꽃의 기판은 박쥐의 특정 주파수에 특화되어 주위의 다른 물체보다 훨씬 폭넓게 음파를 반향하므로 박쥐의 발길을 정확히 안내한다. 꽃을 방문하는 박쥐는 다른 박쥐가 수분할 때와 달리 공중에 떠 있는 채로는 꽃꿀을 먹을 수 없고 반드시 꽃에 올라서야 한다. 꽃이 수분되는데 필요한 마지막 조건이 바로 이 박쥐의 무게이다.

박쥐가 꽃에 착륙하는 순간 작동하는 모종의 메커니즘으로 인해, 꽃밥이 바깥쪽으로 꺾어진다. 이때 꽃가루가 분출하며 박쥐의 등 위에 퍼진다. 이 과정은 박쥐에게 아무런 해도 끼치지 않으며 박쥐가 꽃꿀을 다 들이킬 때까지 연속으로 진행된다. 채워진 꽃꿀을 다 마시고 나면 꽃은 더 이상 꽃꿀을 만들지 않지만 겉으로는 여전히 싱싱하다. 그러나 박쥐는 한 번 들른 꽃은 다시 가 봐야 소용없음을 알고 더는 발길을 주지 않는다. 어떻게 박쥐는 자기가 이미 꿀물을 마셔 버린

무쿠나 홀토니이 꽃은 숲의 지붕 아래에 샹들리에처럼 매달려 있다.

꽃을 구분할까?

이번에도 그 답은 기판에 있다. 일단 박쥐가 들렀다 가면 기판의 모양이 변한다. 그러면서 박쥐의 초음파를 반사하는 방식이 달라지고, 박쥐는 그런 꽃은 꿀을 주지 않는다는 것을 잘 알고 있다. 그래야만 박쥐가 가져간 꽃가루를 같은 꽃에 도로 가져오는 일이 줄고 동시에 아직 수분되지 않은 꽃으로 박쥐를 끌어들일 수 있으므로 식물 입장에서는 이익이다. 박쥐는 효율적으로 먹이를 찾고 식물은 타가수분의 가능성을 극대화하는 윈윈 구조다.

박쥐의 반향정위를 활용하는 식물이 무쿠나 홀토니이만은 아니다. 2011년, 이 방식으로 연결된 식물과 박쥐 사례가 쿠바에서 발견되었다. 해당 식물은 마르크그라비아 에베니아(*Marcgravia evenia*)라는 학명으로만 알려졌다. 이 식물은 성숙하면 가지 끝에 화서가 발달하는데, 앞서 설명한 무쿠나 홀토니이처럼 꽃은 아래를 향해 피고 생식기관이 땅을 바라보며 펼쳐진다. 꽃 바로 아래에는 긴 표주박처럼 생긴 새빨간 물동이가 원형으로 매달려 있다. 이 항아리에는 꿀물이 가득해서 멀리서 찾아온 목마른 방문객을 맞이한다. 그러나 벌에서부터 나방, 심지어 벌새까지, 이 꽃을 방문하는 동물 대부분은 꽃의 생식기관에 몸이 닿을 만큼 몸집이 크지 않으므로 실질적으로는 꿀 도둑이나 다름없다. 오로지 팔라스긴혀박쥐만이 일을 제대로 수행하기에 적합한 크기다. 그래서 이 식물의 진화는 박쥐의 관심을 얻는 데 필요한 정확한 요건을 갖추도록 이루어졌다.

이 식물의 화서 바로 위에는 접시 모양의 이파리가 하나 달려 있다. 아래쪽의 현란한 꽃에 비하면 평범하기 짝이 없지만, 이 한 장의 잎이야말로 마르크그라비아 에베니아의 성공적인 수분을 위한 핵심 요소다. 이 잎이 박쥐의 음파를 반사하는 장치로 기능하기 때문이다.

팔라스긴혀박쥐가 보낸 초음파가 이 잎에 부딪혀 돌아오는 반향은 강하고 다방향적이다. 뿐만 아니라 한결같은 반향파로 박쥐에게 매번 믿을 만하고 변함없는 신호를 제공한다. 꽃을 찾아낸 박쥐는 대번에 달려들어 먹기 시작하고 이때 박쥐의 머리가 꽃의 생식기관에 닿게 되어 꽃가루를 묻혀 오거나 묻혀 주게 된다.

수분 작용에 관여하는 포유류가 박쥐밖에 없는 건 아니다. 식물이 제 번식의 필요를 위해 작은 생물을 끌어들이는 것은 지극히 보편적인 행동이다. 그 훌륭한 예를 비짜루과의 마소니아 데프레사(*Massonia depressa*)에서 볼 수 있다. 영어권에서는 고슴도치백합(hedgehog)이라고 불리는 이 종은 남아프리카의 건조한 지역에 자생하며, 매년 겨울 2개의 넓은 잎이 자라 바닥에 평평하게 깔린다. 두 잎 사이에서 가시 돋친 듯 보이는 화서가 발달하며 -그래서 고슴도치백합이라고 불린다- 크림색의 빳빳한 꽃으로 구성된다. 꽃은 효모 냄새를 풍겨 사막쥐 같은 설치류를 유혹한다.

고슴도치백합은 꽃을 찾는 설치류 손님에게 점액성이 대단히 높은 꽃꿀을 준다. 점액성이 높다는 게 그냥 하는 말이 아니다. 당량이 비슷한 다른 꽃꿀보다 점성이 무려 400배나 더 강하다. 이 점도 덕분에 설치류는 꽃꿀을 더 효율적으로 마실 수 있고, 그 과정에서 훨씬 더 많은 꽃가루가 얼굴에 묻는다. 설치류는 먹이를 먹을 때가 아니면 주로 털을 고르며 지내기 때문에, 다른 고슴도치백합에 갈 때까지 설치류의 손에 털어내지지 않도록 단단히 달라붙어 있는 게 유리하다.

의외의 수분 능력이 밝혀지기 시작한 다른 동물군도 있다. 바로 도마뱀이다. 최근 몇 십 년간 도마뱀 수분 연구가 살짝 증가했는데, 그 결과들을 보면 그간 우리가 너무 오랫동안 파충류를 간과했음을 알 수 있다.

도마뱀이 꽃가루를 옮긴다니 어딘가 어색하다. 도마뱀의 몸에는 꽃가루가 들러붙을 깃털이나 털이 없고 대부분 곤충을 잡아먹는 육식성이기 때문이다. 실제로도 수분 서비스를 제공하는 파충류는 많지 않고 도마뱀붙이 같은 몇몇 분류군에 제한된다. 또한 도마뱀이 매개하는 수분 작용은 육지보다 섬에서 더 흔하다. 섬이 진화의 놀이터라는 측면에서 이 점은 놀랍지 않다. 섬은 격리되어 있다. 개체군을 형성할 만큼 많은 수가 바다와 하늘을 건너 무사히 섬에 안착하는 생물이 몇이나 있겠는가? 여기에는 얼마든지 모종의 도박이 일어날 수 있다. 섬은 먼저 오는 놈이 임자인 '틈새시장'이다. 그리고 도마뱀과 식물은 그 일에 굉장히 능숙하다.

전적으로 도마뱀에 의존해 꽃가루받이를 하는 예가 모리셔스섬에서 발견된다. 이 식물은 초롱꽃과의 네스코돈 마우리티아누스(*Nescodon mauritianus*)이다. 개화기가 아닐 때 이 식물은 길고 마른 줄기와 긴 창 모양의 잎이 둘러나는 특별할 것 없는 식물이다. 그러나 일단 꽃이 피면 지나칠 수 없는 존재감을 드러낸다. 종 모양의 커다란 보라색 꽃이 잎의 옆구리에서 피는데, 꽃이 달린 줄기가 그리 튼튼하지 못해 꽃이 바닥을 향해 축 늘어진다. 이 꽃의 가장 놀라운 특징은 크기나 모양, 위치가 아니라 꽃꿀이다. 꽃 안을 들여다보면 붉은색 꽃꿀이 배어 나오는 게 보인다. 처음 보고된 이후, 눈에 띄게 대조되는 보라색 화관과 붉은 꽃꿀의 조합 때문에 사람들은 이 꽃이 정확히 무엇을 유혹하

네스코돈 마우리티아누스의 밝은 빨간색 꽃꿀은 보라색 꽃과 잘 대비된다.

사진 출처: 마틴 크리스텐휴즈 박사

는지 궁금해했다.

누가 봐도 답은 새 같았다. 조류가 우리처럼 색깔을 본다는 것은 비밀이 아니다. 그러나 이후 여러 실험과 관찰을 거친 결과, 이 꽃의 최고 수분 매개자는 새가 아니라는 결론이 나왔다. 사실 새는 도둑에 가깝다. 수분에 필요한 부위에는 접촉하지 않고 홀랑 꿀만 먹고 가기 때문이다.

그런데 네스코돈 마우리티아누스와 함께 사는 생물 중에 마다가스카르도마뱀붙이속 파충류가 있다. 이 도마뱀붙이들도 모리셔스의 고유종이고, 당분이 든 음식을 찾아 이 꽃 저 꽃 방문하는 모습을 자주 보인다. 실험 결과, 이 도마뱀붙이들은 특별히 빨강과 노랑에 잘 끌린다고 한다. 그 말인즉 이 식물의 붉은색 꽃꿀이 진정한 관심의 대상일 수 있다는 뜻이다. 도마뱀붙이가 개체끼리 상호작용할 때는 주로 밝은 색에 의존하므로, 도마뱀붙이가 수분하는 식물의 진화에서도 색깔이 있는 꽃꿀이 선호되었을 가능성이 있다. 아직 확실히 결론이 난 것이 아니므로 더 많은 연구가 필요한 부분이다. 다만 현재까지 확실한 것은 도마뱀붙이가 일단 꽃 안에 들어가면 그들의 먹이 습성 덕분에 식물의 생식기관과 직접 접촉한다는 점이다. 어쩌면 아름답고 화려한 마다가스카르 도마뱀이 가장 효율적으로 꽃가루를 전달하는 매개자 중 하나일지 모른다.

수분은 자연 세계에서 다른 어떤 공생 형태보다 이타적인 행위로 보인다. 수분이 자연 시스템에 내재한 조화를 대표한다고 예찬하는 시나 에세이도 있다. 생태학자로서 그런 관점은 훌륭하긴 하지만 오도할 여지가 있다고 본다. 우리는 자연에서 순도 100퍼센트의 순수와 선함을 보고 싶어 하는 경향이 있다. 확실히 자연에는 순수한 면이 있지만 원래 자연은 선도 악도 아니다. 그런 하찮은 인간의 감정 때문에 자연 체계가 교착 상태에 빠지는 일은 없다. 자연에서 모든 답은 오로지 자기의 유전자가 다음 세대로 전달될 때까지 오래 살 수 있는가로 귀결된다. 그리고 수분 작용은 그렇게 하기 위해 유기체에서 진화한 가장 흥미로운 방식 중 하나다.

식물의 수분을 관장하는 과학에 파고들수록 진실이 보이기 시작한다. 유기체 사이의 줄다리기는 상대와의 관계에서 최대한 많이 얻고 덜 주기 위한 노력이다. 번식이란 시작부터 끝까지 많은 에너지를 요구하는 과정임을 기억해야 한다. 식물이 구과, 포자, 꽃받침, 꽃잎, 꽃가루, 꽃꿀, 종자를 생산하고 유지하려면, 많은 자원을 필요로 한다. 진화의 관점에서 번식의 비용을 생각하면 왜 이 시스템을 속이는 것이 유리한지 알 수 있다. 지금까지 함께 살펴본 수분 작용은 모두 수분 매개자에게 모종의 보상을 제공했지만, 지구에는 이용만 하고 보상은 주지 않는 염치없는 식물도 많이 존재한다. 저 식물들은 수분 매개자를 속여서 제 꽃에 오게 한다. 식물이 사용하는 훌륭한 계략들을 살펴보자.

수분 매개자를 꾀어내는 속임수 가운데 가장 많이 연구된 것은 먹이 속임수이다. 이 작전은 꽃에 먹이를 닮은 구조가 발달하거나, 꽃의 형태가 수분 매개자로 하여금 일단 들러보지 않고는 먹이가 있는지 없는지 알 수 없게끔 생긴 경우에 잘 먹힌다. 난과 식물이 이 두 가지 속임수의 달인이라는 점이 이제는 놀랍지 않을 것이다.

내가 제일 좋아하는 예는 칼로포곤속(*Calopogon*)의 육지 난초에서 발견된다. 이 속은 쿠바와 바하마를 포함해 북아메리카 동부 전역에 흩어진 약 5개 종으로 구성된다. 칼로포곤속 식물의 꽃은 순판(난과 식물에서 혀처럼 드리워진 꽃잎-옮긴이) 위에 꽃밥이 모여 있는 듯한 노란색 돌기가 돋아 있다. 그러나 이 돌기는 꽃밥이 아니다. 알다시피 난과 식물의 꽃가루는 화분괴라는 끈적거리는 주머니 안에 포장되어 있기 때문이다. 헤어브러시 모양의 저 돌기는 단순히 꽃가루를 흉내 낸 것으로, 벌을 속여 단백질이 풍부한 끼니를 먹으러 오게 만든다. 벌이 뛰어들어 순판에 착륙하면 그 무게로 인한 지렛대 작용으로 꽃잎이 기부에서 구부러지고, 그 바람에 벌이 꽃의 진짜 생식기관으로 떠밀린다. 놀란 벌은 아무 소득도 없이 등에 화분괴만 붙이고 날아가 버린다. 운이 좋으면 그 벌은 적어도 한 번 이상 속아 다른 꽃으로 날아가서 꽃가루를 전달할 것이다.

난과 식물에서 발달한 또 다른 먹이 속임수의 재밌는 예는 유럽의 닥틸로르히자 삼부키나(*Dactylorhiza sambucina*)에서 볼 수 있다. 이 꽃은 그 안에 먹이가 들어 있는지 아닌지를 알 수 없어 옆을 지나가던 배고픈 곤충이 한 번쯤 들러보게 유도하는데 그 방식이 교묘하기 짝이 없다. 닥틸로르히자 삼부키나는 각각 보라색과 노란색의 조밀한 화서로 이루어진 두 종류의 식물로 존재한다. 한데 서로 너무 달라서 다른 종이라고 생각할 정도다. 더 희한한 것은 한 개체군 안에 두 색깔의 꽃이 서로 가까이 있다는 점이다. 그 배경을 이해하려면 누가 이 꽃을 수분하는지 알아야 한다.

뒤영벌은 바보가 아니다. 오로지 군체에 이익을 주는 것이 목적인 꿀벌 수컷과 달리 이 부지런한 곤충은 학습 능력과 기억력이 뛰어나다. 그러니 뒤영벌에 기대어 수분하는 기만적인 식물에게 이 벌의 기억력은 넘어야 할 도전 과제이다. 고도로 조정된 검색 이미지 덕분에 뒤영벌은 어떤 식물이 방문할 가치가 있고 어떤 식물이 그렇지 않

칼로포곤 투베로수스의 순판 위 헤어브러시 같은 돌기는 음식 모방의 한 형태이다.

은지를 빨리 배운다. 원하는 것을 주지 않는 식물은 바로 외면당할 게 분명한데, 바로 이 점 때문에 서로 다른 색깔의 꽃이 도움이 된다.

과학자들은 닥틸로르히자 삼부키나 식물의 한 개체군에서 꽃 색깔의 비율이 '음성 빈도 의존적 선택(negative frequency-dependent selection)'을 따른다는 것을 발견했다. 이것은 과학자들이 새로운 이론에 붙인 어려운 전문용어 중 하나이지만, 이해하기는 어렵지 않다. 그 원리는 다음과 같다. 보상을 주지 않는 보라색 꽃에 들렀던 순진한 뒤영벌은 곧 보라색 꽃에 시간을 버릴 이유가 없다는 걸 깨닫는다. 그렇다면 이 뒤영벌은 다음에 다른 색, 즉 노란색 꽃을 방문할 가능성이 훨씬 커진다. 그런데 알고 보니 노란색 꽃도 같은 종이었다! 뒤영벌은 곧 이 꽃도 별 볼일 없음을 깨닫게 되지만, 그때쯤 난초는 이미 그 벌을 속여서 다른 꽃에 꽃가루를 전달하게 하는 데 성공한 뒤이다. 보상 체계에 에너지를 쏟지 않고도 수분이 이루어지는 것이다.

이 이중 색상 시스템은 닥틸로르히자 삼부키나 내부에서 흥미로운 꽃의 역학으로 이어졌다. 꽃의 색깔로 벌을 속이는 것은 한 개체군에서 더 드문 색깔의 꽃을 피우는 식물에 더 많은 벌이 방문한다는 뜻이다. 꽃의 색상은 유전자로 조절되기 때문에 원래는 가장 드문 색이었던 꽃이 점차 개체군 안에서 빈도가 올라간다. 그러다가 그 색깔이 우점하게 되면 그때부터는 반대로 다른 색깔의 꽃의 비율이 높아진다. 그렇게 엎치락뒤치락하다가 마침내 보라꽃과 노랑꽃이 안정적인 비율로 정착한다. 따라서 유럽 고지대 초원을 조사하면 두 색의 꽃이 함께 서식하는 것을 볼 수 있다. 뒤영벌이 먹이를 찾는 습성을 활용하여, 이 종은 귀중한 에너지를 남에게 투자하지 않고도 번식할 수 있다.

수분하기 위해 먹이로 사기를 치는 식물은 난과 식물만이 아니다. 다른 식물에서도 같은 속임수가 진화해 왔다. 그러나 이제부터 설명할 사례에 비하면 아무것도 아니다. 먹을 것으로 속이는 가장 놀라운 예는 협죽도과의 이상한 덩굴성 다육식물에서 찾을 수 있다. 세로페지아속(*Ceropegia*)은 분류학계의 골칫거리 중 하나다. 남아프리카, 아시아 남부, 오스트레일리아에 걸쳐 많은 종이 기재되었으나, 그것들이 모두 진짜 종인지, 아니면 다른 종인지, 또는 세로페지아속에 속한 게 맞는지 아닌지 등을 가려내기 위해 여전히 분류학자들이 분투 중이다. 하지만 지금은 그 점이 중요하지 않다. 우리가 이 책에서 알아야 할 것은 세로페지아속 식물이 난과 식물에 필적할 정도로 복잡한 꽃을 피운다는 사실이다.

세로페지아속 식물의 꽃은 실험 미술 전시회에서나 볼 법하게 생겼다. 이국적인 색깔의 긴 통처럼 생긴 구조에 크기와 모양이 각양각색이다. 통꽃 꼭대기의 입구는 옆쪽의 구멍을 통해 들어가는 화려한 덮개로 장식되었다. 실제 생식기관은 협죽도과 식물의 전형적인 형태이지만 통 속 깊숙이 들어가 있다. 세로페지아는 꽃꿀을 만들지 않고 난초처럼 꽃가루를 화분괴의 형태로 포장한다.

잘 알려지지는 않았지만 세로페지아 꽃은 벌레잡이풀처럼 작동한다. 꽃을 살피러 온 곤충이 발을 헛디뎌 통 속에 떨어지면 벽이 너무 미끄러워서 기어 나오지 못하거나 아래쪽으로 누운 털이 덧대어 있어 위쪽으로 올라갈 수 없다. 물론 이 꽃은 식충식물이 아니므로 포로를 잡아먹을 생각은 아니다. 대신 온몸에 꽃가루를 강제로 묻힌다. 이렇게 수분 매개자를 가두는 것도 놀랄 일이지만, 가장 기함할 전략은 애초에 수분 매개자를 끌어들인 방식이다. 특별한 것을 즐겨 찾는 실내식물 애호가들에게 인기 있는 한 종을 통해 구체적으로 살펴보자.

문제의 식물은 영어식 일반명으로 '낙하산 식물'이라고 불리는 세로페지아 산데르소니이(*Ceropegia sandersonii*)이다. 낙하산 식물이라

세로페지아 산데르소니이는 녹색 반점 무늬를 지닌 낙하산처럼 생겼다.

사진 출처 H. Zell / CC BY-SA 3.0 / 위키미디어 커먼스

는 이름은 꽃을 덮고 있는 낙하산 같은 밝은 색 덮개 때문에 붙었다. 이것은 남아프리카에 자생하는 덩굴성 식물인데, 초록색 반점이 있는 나팔 같은 흰색 꽃을 피운다. 덮개에 뚫린 구멍은 미세한 공기의 움직임에도 이리저리 움직이는 섬세한 털이 덧대고 있다.

이 식물의 수분은 독특한 절취 기생성 파리 집단에 의해서만 이루어진다. 절취 기생이란 다른 생물에게서 먹이를 훔쳐 먹고 사는 방식을 말한다. 세로페지아 산데르소니이의 꽃가루받이를 책임지는 파리는 거미에게 붙잡힌 벌의 육즙을 빨아 먹는 전문가이다. 거미에게 잡힌 벌은 스트레스 화합물을 방출하는데, 이 화합물이 바람에 날려 공중에 퍼지면, 절취 기생 파리는 이것을 저녁이 준비되었다는 종소리로 듣는다. 그리곤 거미가 이 벌을 액화시킬 때 몰래 들어가 훔쳐 마신다. 과학자들은 파리들이 유난히 이 식물을 찾아가는 것을 보고 놀랐고, 그것을 계기로 이 꽃을 자세히 살펴보게 되었다.

연구 결과가 하도 기괴해서 관록 있는 과학소설 작가도 소재로 삼지 못할 정도다. 세로페지아 산데르소니이가 방출하는 방향성 화합물은 죽어가는 벌이 방출하는 스트레스 화합물과 놀라울 정도로 유사하다. 실제로 60퍼센트나 일치했다. 낙하산 식물은 목숨이 끊어지는 벌의 냄새를 풍겨서 배고픈 파리를 꾀어낸다. 파리는 죽어가는 벌을 찾아 구멍으로 날아들어 갔다가 꽃 속으로 깊이 떨어져서는 나가는 길을 찾아 헤매는 중에 꽃가루 꾸러미를 몸에 싣는다. 하루 동안 파리를 감금한 꽃은 이 포로가 부디 같은 실수를 반복하길 바라며 시들어 버리고 그 바람에 파리가 풀려난다.

이렇게 세로페지아속의 식물들은 각자 자신만의 고유한 수분 매개자를 위해 독특한 전략을 보유한다. 예를 들어 초파리에 의해 수분되는 세로페지아 크라시폴리아(*Ceropegia crassifolia*)는 발효된 효모의 냄새를 흉내 낸 화학물질을 방출한다. 앞으로 세로페지아속 식물에 관한 연구가 좀 더 진행되면 복잡한 향기 모방의 세계가 더욱 드러날 것이다.

사람들은 모두 어느 정도 음식을 통한 속임수에 공감한다. 나 역시 맛있는 것을 사주겠다는 약속에 홀딱 넘어가 시키는 일을 할 때가 있다. 이런 수작이 먹히는 이유는 누구나 먹어야 살기 때문이다. 그러나 그것이 식물이 사용하는 유일한 수단은 아니다. 식탐의 본능보다 좀 더 근원적인 충동을 이용하는 식물이 있다. 수분 매개자를 꼬시기 위해 섹스를 약속하는 식물이다. 짝짓기나 산란할 장소를 제공한다는 말이 아니다. 내가 말하는 성적 속임수는 수분 매개자로 하여금 실제로는 꽃과 교미하면서도 암컷과 교미한다고 착각하게 만드는 것이다. 그 대상은 언제나 수컷이다. 주말에 클럽에 가 보면 그 이유가 바로 납득될 것이다. 수컷 대부분은 제 유전자를 다음 세대에 전달하기 위해 큰 노력을 기울여야 하기 때문에, 교미의 가능성이 있다고 속이는 것이 그리 어렵지 않다. 이 전략은 굉장히 효과가 좋아서, 현화식물에서 여러 차례 독립적으로 진화했다. 그러나 그 독보적인 일인자는 바로 난과 식물이다.

만약 유럽에 산다면 이렇게 성적 속임수를 사용하는 식물을 찾아 멀리 갈 필요가 없다. 꿀벌난초(bee orchid)라고 불리는 오프리스속(*Ophrys*) 난초가 기이한 식물의 세계를 보여주기 때문이다. 이 식물들은 박수가 절로 나오는 방식으로 이 일을 해낸다. 꿀벌난초의 많은 종은 수 세기 동안 과학자와 식물 애호가들의 상상력을 초월하는 색과 질감을 제공했는데, 찰스 다윈조차 이 식물에 깊은 관심을 보여 오랜 시간 연구했을 정도다.

꿀벌난초는 북아프리카의 카나리아 제도와 중동 일부 지역에 자생한다. 계통분류학적으로 보면 꿀벌난초 역시 혼란스러운 분류군 중 하나인데, 그러다 보니 이 속으로 인정되는 종은 학자에 따라 20종에서 130종까지 다양하다. 이렇게 된 이유는 저렴한 DNA 분석 기술이 등장하기 전에는 형태학적 형질, 특히 꽃의 색깔로 종을 정의했기 때문이다. 꿀벌난초속 식물들은 확실히 형태학적 종 개념과는 잘 맞지 않는다. 같은 종이라도 개체군에 따라 형태의 변이가 다양하기 때문이다. 이처럼 꿀벌난초의 종류가 다양한 것은 이들의 진화와 큰 관련이 있다.

이 놀라운 식물이 '꿀벌난초'라는 이름을 얻게 된 것은 바로 꽃가루받이를 위해 모집하는 생물이 벌이기 때문이다. 게다가 그 믿지 못할 관계라니. 꿀벌난초는 수벌로 하여금 제 꽃이 사랑스러운 암벌이라고 믿게 만들도록 진화했다. 계략의 핵심은 꽃의 입술인 순판에 있다. 이 순판은 돌기나 작은 혹, 털 등으로 장식되었는데 암벌의 복부와 매우 비슷한 느낌이다. 또한 순판의 인상적인 색깔 패턴이 이 사기 행각에 일조한다. 어떤 종은 벌의 날개를 닮은 순판의 중심을 따라 무지갯빛 무늬가 보이기도 한다. 전략은 시각과 촉각적 단서에서 끝나지 않는다. 외모보다 훨씬 더 설득력 있는 것은 체취이다.

꿀벌난초 꽃은 알로몬이라는 화합물을 방출하는데, 이는 암벌이 방출하는 페로몬을 닮았다. 이 화학적 모방의 결과, 꿀벌난초와 수분 매개자 사이에 극도로 특수한 관계가 성립된다. 꿀벌난초속의 각 종은 제가 유혹하려는 특정한 벌에 맞춘 알로몬을 생산한다. 오직 한 종의 수벌을 유혹하는 꿀벌난초 종이 있다는 뜻이다. 또 일부는 같은 속에 속하는 소수의 벌을 끌어들이는 알로몬을 생산한다. 향기에 취한 수벌은 이 꽃을 거부할 수 없게 된다. 이내 덮쳐서 공격적으로 교미를

오프리스 스페쿨룸의 꽃을 장식하는 가장자리 털과 무지갯빛 얼룩은 암벌을 흉내 낸 것으로 여겨진다.

시도하며, 이런 행동을 '의사 교접'이라고 한다. 이 게임에서 꽃의 형태는 대단히 중요한 역할을 하는데, 수벌이 교미를 시도할 때 효율적으로 화분괴를 집어 들고 내려놓게 하려면 적당한 위치에서 자세를 잡아야 하기 때문이다. 꿀벌난초 꽃의 털과 색깔 패턴, 돌기가 모두 그 자세를 돕는다. 꿀벌난초가 제시하는 미끼는 너무 진짜 같아서 종종 수벌이 살아 있는 진짜 암벌보다 꿀벌난초 꽃을 더 선호하는 일까지 일어난다. 그러나 거짓은 영원할 수 없다. 마침내 수컷은 제가 쓸데없는 일에 힘을 쏟았음을 깨닫고 꿀벌난초의 꽃을 피하기 시작한다. 그러나 식물 입장에서는 전혀 문제가 되지 않는다. 이 꽃은 한 번의 의사 교접으로 씨앗 수만 개를 생산하기 때문이다.

대부분 벌이나 말벌을 대상으로 한다는 점에서, 이들 난과 식물 사이에는 공통점이 있다. 이 패턴의 핵심은 벌과 말벌의 번식 역학에 있다. 벌과 말벌의 수컷은 짧은 시간만 살면서 오직 정자 기증자로서만 기능하기 때문에, 꿀벌난초가 수컷을 혼란스럽게 해도 벌 군체에는 그리 큰 영향을 끼치지 않는다. 그래서 수컷이 짝을 좀 더 선별하여 고르는 방향으로 진화할 필요가 별로 없었다. 꿀벌난초의 다양성이 이 사실을 증명한다.

오스트레일리아에는 벌목 곤충의 번식 습관을 시험하는 또 다른 난과 식물이 존재한다. 이 식물은 수분 매개자의 성별 비율에 적극적으로 개입하여 의사 교접을 새로운 차원으로 바꿨다.

영어식 일반명으로 '혀난초(tongue orchid)'라 불리는 크립토스틸리스속(*Cryptostylis*)의 일원들은 요상하고 복잡한 꽃으로 제 가치를 드러낸다. 대부분 꽃받침과 꽃잎이 매우 축소되어 중심에서 방사형으로 펼쳐지는 실 가닥을 닮았다. 반면 크게 변형된 순판은 복잡한 형상으로 접힌 채 적갈색 털과 우아한 돌기를 갖추고 빨강, 노랑, 주황색의

혀난초의 일종인 크립토스틸리스 에렉타의 커다란 꽃.
말벌의 암벌을 닮은 모양은 아니지만 암벌의 향기를 풍긴다.

옷을 입었다. 대개 사람들은 이 식물이 목표로 삼는 생물의 정체를 쉽게 알아내지 못하는데, 왜냐하면 꿀벌난초와 달리 혀난초는 어느 것도 닮은 구석이 없기 때문이다. 실제로 혀난초는 섹스에 혈안이 된 곤충 수컷을 속이기 위해 굳이 암컷을 똑같이 복제할 필요가 없음을 증명하는 생생한 증거이다.

오스트레일리아에 서식하는 혀난초는 벌 대신 리소핌플라속(*Lissopimpla*) 말벌의 수컷을 타깃으로 삼는다. 그리고 굉장히 효율적으로 작업한다. 꿀벌난초의 예에서도 보았듯이 말벌 수컷도 혀난초 꽃의 체취를 거부하지 못해, 종종 진짜 암벌보다 꽃과의 '짝짓기'를 더 선호한다. 그러나 혀난초의 속임수는 좀 더 집요하다. 지금까지 보고된 다른 많은 의사 교접의 경우, 자신이 애정을 쏟아 부은 대상이 암벌이 아닌 꽃임을 깨닫자마자 수벌이 시도를 멈추는 것과 달리, 혀난초 꽃에는 수벌을 구슬려 끝내 정자를 분출하게 하는 뭔가가 있다. 말벌 수컷은 본질적으로 정자 제공자에 불과하다는 점에서 벌의 수벌과 크게 다르지 않다. 이들은 교미 후 오래 살지 못하고, 진화는 이 수벌을 날아다니는 정자로 무장시켰다. 그렇다면 소중한 짝짓기 기회를 꽃에다 날리는 것이 말벌 개체군에 재앙을 가져올 거라고 생각하기 쉽다. 그러나 벌과 말벌을 속여도 문제가 되지 않는 이유가 있다.

이런 기만적인 수분 방식을 안정시키는 핵심은 벌목의 DNA에 있다. 여왕벌은 유전적으로 단수배수성이다. 단수배수성에 관한 자세한 설명은 생략하고 요점만 말하면, 벌목의 사회성 곤충은 난자가 정자로 수정되면 암컷이, 미수정되면 수컷이 된다. 미수정된 알을 낳은 여왕은 다음 해를 위해 수컷을, 수정된 알을 낳은 여왕은 암컷을 생산한다(물론 혀난초가 벌의 이런 번식 시스템을 알고 활용하는 건 아니다). 혀난초가 개화하면 그 지역의 말벌 수컷은 꽃과 짝짓기를 하느라 정자를 낭비하게 되는데, 그러면 말벌 암컷을 수정시킬 수컷이 적어지므로 그 개체군에서는 여왕이 수컷을 더 많이 낳게 된다.

혀난초는 제 꽃가루받이에 이득이 되는 방식으로 수분 매개자의 성비를 기가 막히게 조절한다. 여왕 말벌이 수컷을 더 많이 낳게 하여 이듬해에 개화했을 때 말벌 개체군에 순진한 수컷이 더 많아지게 하는 것이다. 또한 그렇게 되면 개체군 내에서 암벌의 수가 줄어들므로, 수컷이 이것저것 따지지 않고 난초와도 교미할 확률이 커진다. 언뜻 듣기에는 말벌에게 치명적인 상황 같지만 사실 불리하기만 한 건 아니다. 성적으로 좌절한 수컷이 눈에 불을 켜고 돌아다니다 보면, 진짜 암벌이 수정될 가능성도 커지기 때문이다. 이렇게 매년 난초와 말벌 사이에서 미세한 균형이 이루어진다. 벌목에서 진화한 독특한 번식 시스템 때문에, 혀난초는 수분 매개자에게 큰 해를 끼치지 않고 이 전략을 유지할 수 있다.

내가 이 장을 시작하면서 이야기한 것처럼 식물의 성생활은 특이하다. 이 세계는 이상한 것들이 계속 쏟아지는 화수분 같다. 수분 작용은 그저 "벌이 꽃을 찾아갔습니다"라고 하기엔 너무 흥미로운 주제이다. 그럼에도 많은 이들이 식물의 성에 관해 수박 겉핥기 정도로만 배우고 있는 것이 안타깝다. 지구에는 식물의 성에 관한 독특한 예가 아주 많으므로 이야깃거리가 끊이지 않을 텐데 말이다. 사실 내가 이 책을 쓰면서 바로 깨달았듯이 일부 사례만 추리는 것이 더 어려웠다.

하지만 이제 다음으로 넘어가자. 식물이 이렇게 복잡한 과정을 거쳐 생산한 자손들은 주변으로 멀리 흩어져야 한다. 포자든 씨앗이든, 발아하고 생장하여 생활사를 반복할 수 있는 새로운 영토를 찾아야 한다. 다음 장에서 우리는 자연 속에서 식물이 이동하는 다양한 방식을 알아볼 것이다.

4장

[식물의 이동]

식물이 자신의 주변을 이리저리 돌아다닌다는 생각은 얼핏 헛소리처럼 들릴지도 모른다. 결국 식물이 절대 할 수 없는 한 가지가 있다면 걷는 것일 테니까. 그러나 잘 들어 보기를 바란다. 고작 1만 1,000년 전만 해도 북반구 대부분은 빙상에 묻혀 있었고, 어떤 곳에서는 그 두께가 1.5킬로미터도 넘었다. 그 아래의 지구는 가장 미소한 형태의 생물 외에는 모조리 절멸한 상태였다. 그러나 오늘날, 한때 빙하였던 저 지역에 식물이 무성하다. 심지어 숲은 북극권에도 존재하고, 나무가 자라지 못하는 환경이라면 풀과 이끼라도 그 자리를 차지한다. 정말 식물이 움직일 수 없다면 빙하가 물러간 허허벌판에서 어떻게 이토록 번성했겠는가? 이 난제에 대한 답은 트리피드(머리가 셋인 거대한 식물 괴수-옮긴이)처럼 땅속에서 뿌리째 나와 사방을 걸어 다니는 능력이 아니다. 그 답은 포자와 종자라는 식물의 번식체에 있다. 일단 땅에 뿌리를 내린 식물은 새로운 영역을 정복하기 위해 굳이 땅에서 나와 움직일 필요가 없다. 식물은 세대가 바뀔 때 이동하기 때문이다. 식물마다 모두 제각각인 그 이동 방식이 식물학의 가장 흥미로운 측면 중 하나이다.

씨앗을 환경에 퍼뜨리는 가장 간단한 방법은 바람을 이용하는 것이다. 특히 바람은 선태류(뿔이끼, 우산이끼, 이끼)와 양치류 같은 포자 생산자에게 유용하다. 포자는 크기가 극도로 작고 아주 작은 바람에도 쉽게 공기 중으로 운반된다. 조건만 맞으면 포자는 어미 식물로부터 최대 수천 킬로미터나 떨어진 곳까지 이동할 수 있다. 그 실상은 섬 지역에서 분명히 드러난다.

하와이의 물이끼를 예로 들어 보자. 2만 년 전, 물이끼의 수컷 포자 하나가 코할라에 내려앉은 후 복제를 시작했다. 하와이는 지구상에서 가장 격리된 지역의 하나이고 인간이 개입하지 않는 한 그곳에 갈 유일한 방법은 바람이나 파도를 타는 것뿐이다. 그런데 포자 하나가 기류를 타고 태평양을 건너 그곳까지 도달한 것이다. 그런 능력을 지닌 생물이 이끼만은 아니다. 또 이끼만 바람을 이용하는 것도 아니다. 종자를 생산하는 수많은 식물에서 바람을 이용해 씨를 퍼트리는 수단이 진화해 왔다.

포자처럼 바람이 운반하는 씨는 대개 크기가 작지만 그것도 모두 그런 것은 아니다. 큰 씨앗도 바람을 활용한다. 단지 바람을 타는 특별한 구조적 형질이 필요할 뿐이다. 어려서 나는 단풍나무 씨앗을 가지고 몇 시간씩 즐겁게 놀곤 했다. 날개가 달린 종자를 모아 통에 잔뜩 담은 다음 제일 높은 곳을 찾아 올라가서 떨어뜨렸다. 어릴 적에는 높은 곳도 무섭지 않아 보통 나무를 타고 꼭대기까지 올라갔다. 씨앗을 한 움큼씩 집어 공중에 날리고는 얇은 날개가 바람을 타고 헬리콥터 날개처럼 뱅글뱅글 도는 모습을 즐겁게 지켜보았다. 어린 나이에도 날개의 회전 운동이 씨앗을 얼마나 멀리 날리는지 보고 감탄했던 기억이 난다. 바람이 부는 날이면 효과는 극대화되었다. 씨를 공중에 뜨게 하는 공기역학적 날개 덕분에 단풍나무 같은 식물은 씨에 양분을 더 넉넉히 챙겨 넣을 수 있었다. 발아하면 새싹이 그 양분을 바탕으로 더 나은 시작을 할 수 있도록 말이다.

단풍나무 씨앗은 작은 날개가 달려 있어서 바람을 타고 이동한다.

사진 출처 픽사베이

내 보잘것없는 소견으로, 바람을 이용한 종자 확산의 달인은 이끼도 단풍나무도 아니다. 그 타이틀은 자바오이(*Alsomitra macrocarpa*)에게 주어야 마땅하다. 우리가 여름에 즐겨 먹는 오이의 독특한 친척이다. 말레이군도와 인도네시아 섬들의 열대림에 서식하는 이 덩굴성 식물은 행글라이더처럼 보이는 씨앗을 발명해 바람에 의한 종자 전파를 새로운 차원으로 끌어올렸다. 자바오이는 덩굴성 식물인데, 지지하는 나무의 꼭대기까지 높이 감고 올라간다. 그리고 제 친척처럼 미식축구공 크기의 박 또는 멜론 같은 열매(페포)를 생산한다. 그러나 자바오이의 페포에는 즙이 많은 과육 대신 종잇장처럼 얇은 날개가 달린 동전 모양의 씨가 잔뜩 들어 있다. 다 익으면 페포의 바닥에서 구멍이 열리고 서서히 씨앗들이 나온다. 이때부터 장관이 연출된다.

날개 길이가 13센티미터나 되는 자바오이 씨앗은 곧장 공중에 떠오른다. 거대한 모르포나비처럼 어미 식물로부터 멀리 활강하고, 아래로 떨어질 때는 위아래로 까딱까딱한다. 두 날개가 부메랑처럼 각도를 이루고 만나는데 그 구조가 양력을 발생시킨다. 하늘 높이 올라간 종자가 속도를 잃으면 중력에 붙잡혀 내려온다. 그랬다가 떨어지면서 속도가 붙으면 날개는 다시 공기를 타고 높이 상승한다. 이처럼 오르내리는 과정이 날씨 조건에 따라 오래 반복되면 종자는 부모에게서 아주 멀어진다. 현지 선원이 먼 바다에서 갑판에 떨어진 자바오이 씨앗을 발견했다는 보고도 있다. 이처럼 효과적인 종자 산포 방식을 장착하고도 자바오이의 분포 영역이 더 넓지 않은 것이 이상할 따름이다.

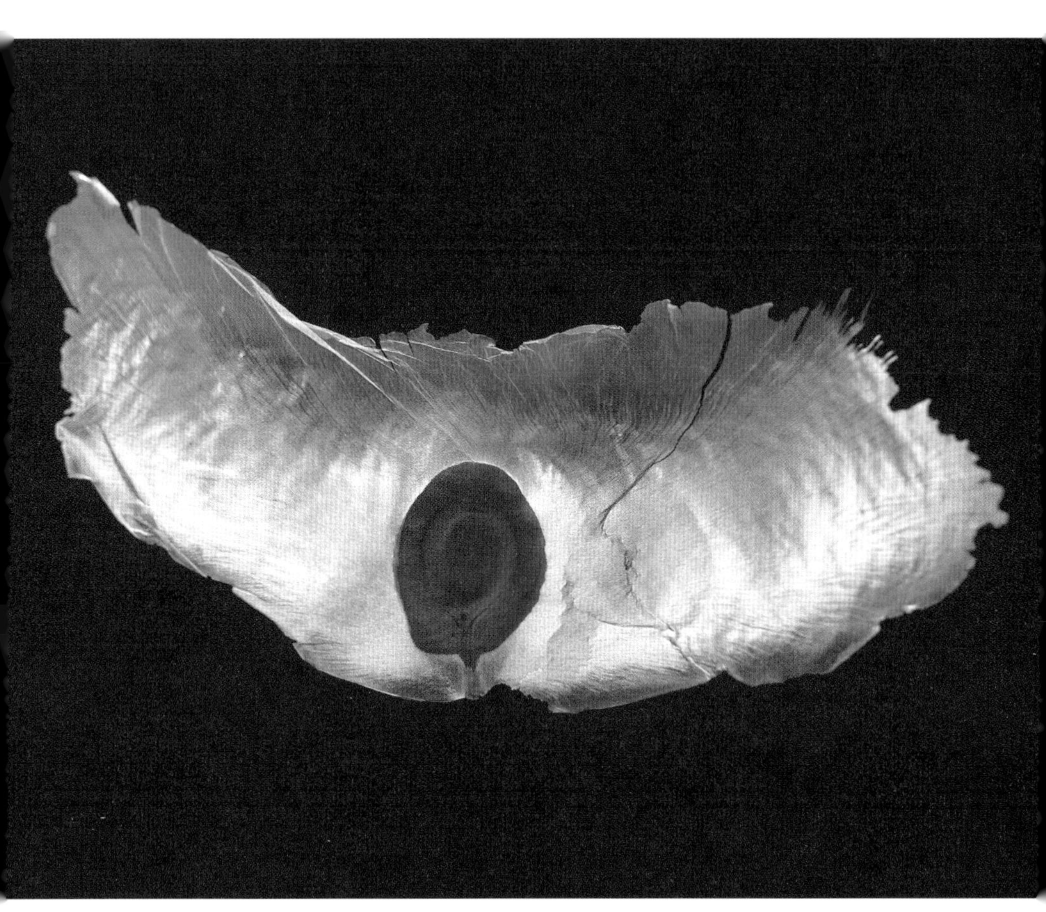

자바오이의 씨앗은 식물계의 행글라이더이다.

다른 방식으로 바람을 이용하는 식물도 있다. 미국 서부에 가면 황량한 사막을 가로질러 굴러다니는 회전초를 쉽게 볼 수 있다. 사실 이보다 더 미국 서부를 상징하는 이미지도 없다. 다만 회전초 중에서도 가장 흔한 종인 나래수송나물은 북아메리카 자생이 아니라 러시아에서 왔다. 그리고 국화과가 아니라 비름과에 속한다.

아무튼 그 기원과 족보와 상관없이 회전초가 뒹구는 이유를 살펴보면 결국 종자 산포 때문이다. 종자가 익으면 식물은 마르기 시작하고 물이 조직에서 빠져나가면서 가지가 안쪽으로 말려들어 가 결국 전체가 공 형태로 변한다. 그러다 땅에 연결된 줄기의 약한 부분이 부러지게 되고, 이 식물은 닻에서 떨어져 나와 자유로워진다. 바싹 말라 가벼워진 공이 바람에 실려 이리저리 굴러다니고, 그러다 보면 씨가 사방으로 흩어진다. 이런 모습이 북아메리카 전역에서 발견된다는 사실은 회전초의 전략이 얼마나 뛰어난지를 여실히 증명한다.

바람이 종자 산포에 편리한 수단이기는 하지만 단점은 있다. 바람은 신뢰할 수 없는 도구이다. 항상 제자리에 대기하다가 번식체가 준비되었을 때 태워다 주는 운송 수단이 아니라는 말이다. 또 바람의 힘과 방향은 아주 변덕스러워서 번식체가 바람직한 장소에 안착한다는 보장이 없다. 사실 바람이 데려가는 포자와 종자는 대부분 실패할 운명이다. 너무 멀리 가거나 낯선 환경에 이르거나 바다에 떨어지거나 물속에 빠질 수 있다. 종자의 이동 거리는 종자 산포의 중요한 고려 대상이다. 식물은 제 번식체가 저에게서 충분히 멀리 떨어지게 해야 한다. 그래야 나중에 같은 자원을 두고 경쟁하지 않을 테니까. 그렇다고 너무 멀리 가면 발아에 적합하지 않은 장소에 도달할 확률이 크다. 나는 바로 이 문제 때문에 바람이 아닌 다른 형태의 종자 산포가 진화했다고 생각한다. 어떤 식물에게는 이 문제에 대한 해결책이 가히 '폭발적'이다.

탄도 산포라니 말만 들어도 재밌다. 나는 이 말을 들었을 때, 군복을 입은 식물이 씨앗을 탑재한 박격포를 앞에 두고 웅크리고 앉아 있는 모습을 떠올렸다. 그 모습이 우스꽝스러워 보일지는 몰라도, 어떤 식물의 실상은 상상과 크게 다르지 않다.

용비늘고사리속(*Angiopteris*)의 특이한 양치식물을 예로 들어 보자. 이 고사리는 아주 거대하게 자랄 뿐 아니라(지구에서 가장 큰 양치류에 속한다) 다른 양치류에서 발견되지 않는 독특한 방식으로 포자를 퍼트린다. 이 식물의 거대한 엽상체에는 소엽을 따라 홀씨주머니(포자낭)라는 구조물이 있는데, 그 안의 액체 속에 구체의 작은 포자가 잔뜩 들어 있다. 포자가 익으면 홀씨주머니가 마르기 시작하고 내부에 압력을 채우며 벽이 저절로 휘기 시작한다. 그 압력 차이가 감당할 수 없을 만큼 커지면 홀씨주머니 벽 사이에 남아 있던 모든 액체가 순식간에 증발하여 공동현상이 이어진다. 그러다 홀씨주머니가 폭발하면 안에 있던 포자가 엄청난 속도로 주위에 발사된다. 바람에 의존하는 사촌에 비해 포자가 아주 멀리 날아가지는 못하지만 적절한 폭발력을 통해 부모로부터 멀리, 그러나 우호적인 환경을 벗어나지 않는 선에서 포자를 훌륭히 산포한다.

현화식물 중에도 폭발력을 이용하는 것들이 있다. 내가 제일 좋아하는 사례가 유럽 서부의 지중해 지역, 아프리카 북부, 온대 아시아 일부 지역에서 발견된다. 영어식 일반명으로 물총오이(squirting cucumber)라고 부르는 에크발리움 엘라테리움(*Ecballium elaterium*)이 그것인데, 이름값을 제대로 하는 식물이다. 이 박과 식물은 길가처럼 크게 교란된 지역에서도 잘 자라므로 저 지역에서는 어딜 가나 우연이라도

물총오이는 폭발적인 잠재력을 가진 식물치고는 지극히 평범하게 생겼다.

보게 될 가능성이 크다. 이 식물의 꽃이 지면 열매는 서서히 적당한 크기로 부풀어 오르고, 박과 식물에서 흔히 볼 수 있는 솜털 달린 열매가 된다. 밖에서 보면 별거 없어 보이지만 부드러운 외형 안에는 보다 격동적인 스토리가 감춰져 있다.

열매가 무르익을 무렵, 종자 주변의 세포조직이 분해하기 시작한다. 그러면서 점착성 용액이 만들어지는데 그로 인해 내부에 압력이 쌓인다. 그 압력이라는 게 그냥 적당히 압박하는 수준이 아니다. 연구팀이 측정해 봤더니 열매가 완전히 익었을 때 내부의 압력은 우리가 해수면 높이에서 느끼는 대기압의 최대 27배까지 상승했다. 동시에 꽃자루가 부착된 지점이 약해진다. 엄청난 압력을 주체하지 못해 마침내 꽃자루가 부러지면 이때 작은 구멍이 생기면서 그 구멍으로 몇 분의 1초 만에 점액을 쏘아내 그 안에 탑재된 소중한 씨앗을 퍼트린다. 결과는 실로 경이롭다. 씨는 부모로부터 1~6미터나 멀리 떨어진다. 이 식물이 전체 분포 지역에서 크게 성공한 것도 놀랍지 않다.

이와 비슷한 폭발식 종자 산포를 사용하는 메커니즘이 로지폴소나무난쟁이겨우살이(*Arceuthobium americanum*)에서도 발견된다. 이 식물은 로지폴소나무 가지에서 기생체로 살아가는데, 겨우살이 중에서도 특이한 축에 속한다. 잎이나 엽록소가 없어서 광합성을 하지 않고 전체적으로 노란색이나 주황색을 띠고 있어 식물보다는 균계에 더 가까워 보인다. 이 겨우살이는 생계를 전적으로 로지폴소나무에 의탁하므로 무작정 확률에만 종자 산포를 맡길 수가 없다. 하지만 제 사촌들처럼 육질의 열매를 생산하는 대신 이 식물은 탄도 산포를 선택했다.

로지폴소나무난쟁이겨우살이는 열을 생산할 수 있는 몇 안 되는 식물이다. 식물에서의 발열반응은 매우 흥미로운 현상인데, 여기에는 벌새와 유사한 대사 과정이 관여한다. 다만 대부분의 식물 발열 현상이 수분과 종자 발달을 돕기 위해서인 반면, 로지폴소나무난쟁이겨우살이는 종자 산포에 사용할 요량으로 열을 생산한다.

우선 열매가 성숙기에 이르면 세포조직의 미토콘드리아가 본격적으로 가동하기 시작한다. 미토콘드리아는 소위 세포의 동력실이다. 이곳에서 생산하는 모든 에너지가 열을 만들고, 그 잉여의 열이 난쟁이겨우살이 열매 안에 압력을 축적하다가, 마침내 펑 하고 열매가 폭발해 숲 지붕으로 씨앗을 분출한다.

씨의 속력이 시속 100킬로미터나 될 만큼 어마어마한 폭발력이다. 저렇게 작은 식물치고는 믿을 수 없는 능력이다. 잘못해서 폭발하는 씨에 맞기라도 했다가는 어떻게 될지. 웅장한 로지폴소나무 꼭대기에 올라갔다가 명사수 겨우살이의 총에 맞아 죽는 상상을 해 본다. 현재까지 로지폴소나무난쟁이겨우살이 종자의 최장 발사 거리는 20미터이다. 폭발식 종자 산포는 나무 위에서 살아야 하는 식물에 특히 값진 방식이다. 씨가 그냥 굴러다니면 나무의 줄기나 가지에 내려앉을 가능성이 적기 때문이다. 반면 이 식물은 애초에 나뭇가지가 얽혀 있는 무성한 숲 지붕에서 폭발을 시도하여 씨가 숙주에 도달할 가능성을 높였다. 로지폴소나무난쟁이겨우살이 씨가 끈적거리는 것도 도움이 된다. 일단 가지에 부딪히면 씨앗은 그 자리에 딱 붙어서 발아가 진행된다.

모든 폭발식 산포가 저렇게 복잡한 화학 작용을 거치는 것은 아니다. 어떤 식물은 그저 열매가 마르기만 하면 된다. 폭발식 종자 산포의 챔피언 중 하나가 그런 식으로 종자를 퍼트린다. 다이너마이트나무라고도 불리는 후라 크레피탄스(*Hura crepitans*)이다. 이 식물은 남아메리카 열대 지방에 자생하고 아프리카 일부 지역에도 침입 중인데, 괜히 얽혔다가는 끝이 좋지 않다. 수액에 독성이 있고 나무껍질은 고약한 가시로 덮여 있기 때문이다. 그만큼 방어력이 뛰어날 뿐 아니라 씨를 주위에 퍼트리는 것도 극도로 효율적이다. 다이너마이트나무의 열매는 야구공 크기에 작고 평범한 단호박처럼 생겼는데, 종자가 들어 있는 여러 개의 심피가 합쳐져서 구성된다.

심피와 심피 사이에는 얇은 벽 조직이 있는데, 열매가 익어감에 따라 차츰 물기가 마르고 수축하기 시작한다. 그럴수록 심피 사이의 벽에 가해지는 압력이 커지고 균열이 생긴다. 마침내 감당할 수 없을 정도로 균열이 커지면, 사람의 귀에도 들릴 정도의 소리와 함께 열매 전체가 폭발하여 심피가 최대 시속 251킬로미터의 속도로 튕겨 나간다. 안전 장비를 착용하지 않은 상태에서는 다이너마이트나무의 열매가 폭발할 때 나무 근처에 서 있지 않는 것이 좋다. 이 정도 속력이면 씨가 꽤나 멀리까지 운반된다. 한 실험에서는 어미 식물에서 45미터나 이동하는 기록을 세웠다. 부모의 그늘에서 자라고 싶지 않은 묘목한테는 좋은 일이다. 실로 다이너마이트나무라는 이름이 무색하지 않다.

이런 탄도 산포의 예는 식물계에서 놀라울 정도로 흔하다. 씨앗을 기계적인 힘으로 투척하는 것은 발아에 우호적인 장소에 도달할 가능성을 높이는 좋은 방법이다. 그러나 자연에서, 특히 물리법칙이 주도하는 종자 산포는 확실한 보장이 없다. 결국 식물은 전문적인 총잡이가 아니니까. 효율이 높은 편이기는 하나 기계적 산포 방식 역시 결국엔 운에 좌우된다. 게다가 환경은 꾸준히 변한다. 서식지가 쪼개질 수도 있고 바람도 늘 부는 것은 아니다. 번식체를 퍼트리는 것은 까다롭지만 반드시 해내야 하는 일이다. 따라서 많은 식물 종이 보다 직접적인 수단을 갖추게 되었다. 수분 작용에서와 마찬가지로 가장 흥미롭고 효과적인 수단은 바로 동물이다. 동물이 종자를 퍼트리는 방식을 동물 매개 산포(zoochory)라고 한다. 여기서 'zoo'는 동물을 말하고 'chory'는 식물 번식체 산포를 뜻한다. 이번에도 부족한 공간 탓에 내가 가장 좋아하는 몇 개의 예만 제시하겠지만, 이 주제에는 끝도 없이 변형이 존재한다는 사실을 미리 염두에 두길 바란다.

동물 매개 산포 방식에는 수많은 종류가 있지만 크게 두 가지로 나눌 수 있다. 한 가지는 번식체가 털, 깃털, 가죽 등 동물의 몸 밖에 들러붙는 경우다. 이런 방식은 동물이 번식체를 섭취하지 않아도 되므로 열매의 과육이 발달하거나 맛이 있을 필요가 없다. 대신 근처를 지나는 타깃에 효율적으로 들러붙기 위해서, 끈적거리거나 질척거리거나 갈고리가 달려 있거나 가시로 덮여 있다. 이 방식의 핵심은 종자가 손상되지 않고 운반되다가 적절한 시점에 동물의 몸에서 떨어지는 것이다.

두 번째 방식은 동물이 번식체를 먹는 것이다. 보통 종자가 들러붙은 또는 종자를 둘러싸는 맛있는 부위의 힘을 빌린다. 번식체는 동물의 장을 통과한 후 바깥으로 빠져나오면서 주변으로 옮겨진다. 이 방식에는 단순한 거리 이동 이상의 이점이 추가된다. 번식체가 소화기관을 거치면서 강력한 위산이 배아를 둘러싸는 물리적 장벽을 분해하므로 발아가 훨씬 쉬워진다. 또한 동물의 배설물과 함께 밖으로 배출되면서 천연 비료를 덤으로 얻는다.

동물의 섭취를 통한 종자 산포는 인간에게도 익숙한 과정이다. 우리는 산딸기나 블루베리 등 수많은 과일을 먹을 때마다 이 작업에 참여한다. 물론 이제 인간의 배설물은 발아에 적합하지 않은 정화조로 흘러가니 엄밀히 말해 더는 효과적인 종자 산포자라고 부를 수 없겠지만. 오늘날 상업적으로 중요한 과일의 종자 산포는 농부의 손으로 이루어진다. 하지만 과거에는 인간이 좋아하는 맛있고 영양가 있는 열매를 생산하는 식물이 인간의 활동에서 큰 혜택을 받았다. 결국 열매란 잠재적 종자 산포자의 주의를 끌기 위한 도구로 진화한 것이니까. 그러나 대부분은 인간의 개입 없이 진화했다. 눈에 띄는 색깔과 배를 불려주겠다는 약속에 이끌린 온갖 동물이 열매와 함께 그 안에 든 씨까지 먹어 치운다. 먹을 수 있는 부분은 대부분 소화되고, 위산의 공격에도 끄떡없는 껍질로 무장한 씨는 장을 통과해 뒷구멍으로 나온다. 대개 동물은 열매를 먹고 한참 시간이 흐른 뒤에 배설하는데 그 말은 씨가 환경에 다시 방출될 때까지 먼 거리를 이동한다는 뜻이다.

가장 유명한 종자 산포자의 하나는 새다. 새는 열매와 종자를 사랑해 기꺼이 먹어 치운다. 어떤 새는 종자를 파괴하기도 하지만 더 많은 양이 용케 장을 뚫고 온전히 살아남는다. 새들이 그렇게 씨를 퍼트리는 데 효율적인 이유는 날기 때문이다. 새처럼 항상 뱃속에 많은 씨앗을 품고 먼 거리를 돌아다니는 동물은 없다. 우리 주변에서도 새가 종자를 퍼뜨리는 식물의 예는 아주 쉽게 찾을 수 있다. 당장 밖에 나가 산책하면서 주위에 색이 아름답고 먹기 좋은 크기의 열매가 달린 나무가 있는지 둘러보면 된다. 사실 약간의 배경지식과 함께 관심을 두고 보면, 많은 식물의 종자 산포에서 새의 역할은 분명하다. 북아메리카에서 볼 수 있는 최고의 예가 세로티나벚나무 같은 벚나무이다. 매년 여름 우리 집 뒤뜰에 세로티나벚나무 열매가 익으면, 버찌가 한 알도 남지 않을 때까지 매일 수십 마리 새가 날아오곤 한다. 이 장관은 마을 벚나무 곳곳에서 벌어진다. 하도 빨리 먹어 치워서 표본을 수집할 틈이 없을 정도다. 이렇게 새들은 영양이 많은 끼니를 얻고 나무는 열매가 저절로 떨어졌을 때보다 훨씬 멀리 씨를 퍼뜨린다.

관련해서 재미있는 기억이 하나 있다. 어릴 때 내가 자란 곳 근처에는 등산로가 있었다. 그곳은 원래 숲이었지만 100년 전쯤 작은 농장이 들어섰다가 문을 닫았고, 자연 보호 구역으로 지정되면서 과거의 영광을 일부 되찾았다. 그렇게 100년에 가까운 시간이 지났지만 농장이 있던 흔적은 아직도 많이 남아 있었다. 농장의 존재를 암시하는 단서 중에서 어린 시절 내가 제일 좋아한 것은 숲의 한쪽에 줄 맞춰 서 있는 큰 벚나무들이었다. 원래는 활엽수와 침엽수가 뒤섞여 있어야 할 곳에 벚나무만 나란히 있다 보니, 그 자체가 굉장히 부자연스러워 보였다. 게다가 모든 나무의 수령과 크기가 비슷하다는 점이 더욱 수상했다. 도대체 이곳에서 무슨 일이 일어났던 걸까?

벚나무들은 오래전에 사라진 경작지의 경계였다. 즉, 원래 벚나무가 있던 자리에 한때 농장의 울타리가 있었다는 뜻이다. 저 땅이 농장이었을 때, 근처 작은 숲에서 날아온 새들이 울타리를 따라 늦은 오후의 해를 등지고 앉아 따스한 온기로 몸치장하는 모습을 상상해 본다. 매해 새들은 그 과정을 반복했고 울타리에 앉아 있는 동안 배설했을 것이다. 그 배설물에는 다른 것들과 함께 잘 씻기고 벗겨진 세로티나벚나무 씨앗도 있었다. 새들이 똥을 쌀 때마다 그 안에 있던 씨는 발아와 생장에 유리한 장소에 떨어졌다. 물론 농장이 아직 운영 중이었을 때는 농부들이 부지런히 어린 나무를 제거했을 것이다. 이 나무는 울타리를 망가뜨릴 뿐 아니라 다른 벚나무처럼 초식동물을 방어하기 위해 잎과 줄기에 시안화물을 넣기 때문이다. 소나 말은 벚나무와 함께 진화하지 않았으므로 괜히 그 잎으로 배를 채웠다가는 중독될 게 뻔했다. 하지만 시간이 지나 농장이 폐쇄되고 그 땅은 자연 보전 지역이 되었다. 숲은 저에게 속한 땅을 되찾기 시작했다. 철거된 울타리를 따라 쌓여 있던 세로티나벚나무 씨는 더는 파내지지도, 싹이 잘라지지도 않았으므로 힘차게 싹을 틔웠다. 그 결과가 원래는 좀 더 자연스럽게 조성되었을 숲 한가운데에 생뚱맞게 일렬로 늘어선 세로티나벚나무였던 것이다.

열매를 먹는 박쥐 또한 놀라운 종자 산포자이다. 특히 아메리카 대륙 사막에서 박쥐의 활약이 두드러지는데, 그곳에서는 박쥐가 선인장의 꽃가루를 전달할 뿐 아니라 씨를 퍼뜨리기도 한다. 가장 좋은 예를 멕시코 테우아칸 계곡에서 볼 수 있다. 이 지역은 다양한 기둥형 선인장이 분포하는 것으로 알려졌는데, 숲 전체가 선인장의 가시 돋친 육질의 줄기로 구성되어 있다. 이 숲에서는 선인장 종자를 퍼트리는 일등 공신이 박쥐다. 그래서 다양한 선인장 종의 열매가 퀴라소긴코박쥐 같은 박쥐의 관심을 끌기 위해 선인장 꽃의 색깔과 냄새를 흉내 냈다는 게 전문가들의 의견이다. 이 박쥐는 워낙 효율적인 산포자라 서식지의 조성에 필수적이다. 그러나 박쥐가 지구의 건조한 지역에서만 종자 산포에 이바지하는 건 아니다.

열대지방에서 박쥐는 교란이나 벌목 이후 숲의 빈터에서 특정 나무가 다시 번식하는 주요 요인으로 지목된다. 세크로피아속, 가지속, 비스미아속 식물처럼 교란된 지역에서 잘 번식하는 나무는 박쥐가 거부할 수 없는 큰 열매를 맺는다. 박쥐의 소화계는 처리 속도가 굉장히 빨라서 열매를 먹은 지 불과 20분 뒤면 배설하고 보통 비행 중에 볼일을 본다. 박쥐가 숲의 새로운 구역으로 이동하면서 공터에 마지막으로 먹은 열매의 씨앗을 배설하면, 비처럼 내리는 씨앗이 숲의 근간이 되어 사라진 것들을 대체하게 된다. 하지만 안타깝게도 인간이 밤을 환히 밝히는 바람에 숲의 재생을 위해 종자 유입이 절실한 지역에서 박쥐가 쫓겨나고 있다. 박쥐는 거리, 건물, 주택처럼 빛 공해가 심한 곳에서는 오래 머물지 않는다. 다시 말해 이 지역에 씨앗이 떨어지지 않는다는 뜻이다. 인간의 영역이 숲까지 확장되어 밤에 불을 밝히기 시작하면 박쥐가 덜 돌아다니고 숲은 박쥐의 부재로 말미암아 큰 타격을 입는다.

동물이 몸의 안팎으로 기여하는 동물 매개 산포는 식물의 잠재적 자손을 환경에 퍼뜨리는 극도로 효율적인 도구이다. 그 과정은 민속생물학자 테렌스 맥케나가 "동물은 식물의 씨앗을 운반하기 위해 발명된 존재이다"라고 한 말을 떠올리게 한다. 나는 테렌스의 의도를 잘 알지만 그 말이 정확한 것은 아니다. 동물은 식물이 해조류에서 진화하기 훨씬 전, 그리고 종자가 진화하기 훨씬 전에 진화했기 때문이다. 그럼에도 동물이 식물을 형성한 것만큼이나 -더는 아니더라도- 식물이 동물을 형성하는 데 일조했다는 측면에서, 맥케나의 말은 크게 빗나가지 않았다. 앞서 수분 작용에서 논의한 것처럼 자연선택은 동물과 열매를 연속적으로 형성했고, 성공적인 유전자 실험은 번식으로 보상을, 성공하지 못한 실험은 죽음으로 벌칙을 내려왔던 것이다.

새나 박쥐 같은 동물이 종자를 산포하기 위해 담당한 역할은 잘 알려졌지만, 사람들이 잘 모르는 종자 산포자가 또 있다. 열대림의 장기적인 건강과 생존에 필수적인 그 존재는 바로 물고기이다. 물고기가 씨앗을 퍼뜨린다는 발상에 누군가는 깜짝 놀랄지도 모르지만, 많은 열대식물의 생활사에서 물고기가 중대한 역할을 한다는 증거는 넘치도록 쌓여 있다. 이는 철마다 강이 범람하는 열대림에서 특히 중요하다. 현재까지 100종이 넘는 어류의 장에서 생존 가능한 씨앗이 발견되어 왔다. 심지어 파구라고 부르는 피아락투스 메소포타미쿠스(*Piaractus mesopotamicus*) 같은 일부 종은 열매를 전문적으로 먹는다.

투쿰야자(tucum palm)라고 불리는 박트리스 글라우케스켄스(*Bac-*

trisglaucescens)의 예를 들어 보자. 브라질 판타나우 자생인 이 야자는 커다랗고 붉은 열매를 생산하는데, 페커리에서 이구아나까지 많은 동물이 기꺼이 이 열매를 먹는다. 그러나 이 동물의 뱃속에 들어간 종자는 장을 통과하는 도중에 손상되거나 발아에 부적합한 지역에서 배설되고, 오로지 파구가 먹었을 때만 적절한 장소에 적절한 조건으로 운반된다. 그렇다면 파구야말로 투쿰야자의 주된 종자 배급처인 셈이다. 투쿰야자만이 아니다. 철마다 범람하는 서식지에서는 수많은 식물 종이 물고기가 종자를 퍼뜨릴 때만 효과적으로 발아하고 자란다. 열대림 바깥에서도 붕메기 등의 물고기가 물푸레나무과의 포레스티에라 아쿠미나타(*Forestiera acuminata*) 같은 강기슭 식물의 중요한 종자 산포자임이 밝혀졌다. 붕메기가 없으면 이 식물은 주기적으로 범람하는 서식지에서 씨를 퍼트리는 데 어려움을 겪을 것이다. 대리인이 없는 상태에서는 종자가 강바닥에 처박혀 있거나 무산소 진흙에 파묻혀 있을 수밖에 없기 때문이다. 물이 범람한 숲으로 물고기가 이동하면서 물고기가 먹은 종자도 부모로부터 한참 떨어진 곳으로 이동하고, 마침내 넘쳤던 물이 빠지면서 본격적으로 다음 세대를 준비하게 된다.

동물이 종자를 먹지 않고 운반하는 방식도 있다. 식물은 점액, 가시, 밤송이, 끈적거리는 털을 비롯해 효과적인 수단을 많이 개발했다. 이는 동물의 장을 통과하는 것 못지않게 매우 효과적인 산포 방식이다. 누구나 한 번쯤 개나 사람의 몸과 옷에서 가시 달린 식물을 떼어낸 적이 있을 것이다. 어릴 적 우리 집에서 키우던 개들이 한참 밖에서 놀다가 오후가 되면 우엉이나 갈퀴덩굴의 가시 돋친 열매를 잔뜩 달고 집에 뛰어 들어오던 게 기억난다. 이런 눈에 띄는 예 말고도 우리 집 뒷마당 바깥에서는 놀라운 전략을 구사하는 선수들이 활동한다.

치아 펫(chia pet, 점토로 만든 두상의 머리 부분에 물을 주면 식물이 자라 머리카락처럼 보이는 제품-옮긴이)을 길러 봤거나 치아 씨를 물속에

밤송이처럼 생긴 우엉 열매의 갈고리는 총포가 크게 변형된 것이다.

담가 본 적이 있는 사람이라면, 그 종자가 얼마나 끈적거리는지 알 것이다. 이 식물이 치아 펫 기부의 테라코타 인형에 들러붙어 자라는 이유도 그래서다. 배암차즈기속 식물인 치아는 물에 젖으면 진액이 나와 끈끈해진다. 믿거나 말거나 치아는 진액이 종자의 산포를 돕는 한 예일 뿐이다. 이 진액은 털이나 깃털, 심지어 비늘까지 온갖 것에 들러붙는다. 저 씨에 필요한 것은 물이 전부이다. 말랐을 때는 치아의 씨가 거의 끈적거리지 않는다. 오랜 가뭄기에는 씨가 돌아다니지 않는다는 뜻이다. 세상이 비로 축축해지고 나서야 이 씨앗의 산포 전략이 발동된다. 또한 우기에는 많은 사막 생물의 움직임이 전반적으로 증가하는데 덕분에 씨가 잠재적인 매개 동물과 직접 접촉할 가능성이 높아진다. 일단 씨가 운반체에서 떨어지면 진액의 점착성 덕분에 착륙한 곳이 어디든 잘 들러붙어 발아한다.

이런 형태의 동물 매개 산포에서 가장 중요하고도 간과된 방식이 개미다. 개미는 보통 식물의 친구이고, 식물의 씨앗을 여기저기 옮기는 것은 개미가 제공하는 수많은 생태 서비스의 하나에 불과하다. 이때 개미를 통한 종자 산포에는 참여하는 식물의 형태적 특징이 중요하다. 예를 들어 어떤 식물은 개미의 관심을 끌기 위해 엘라이오솜(elaiosome)이라는 미끼를 종자에 부착한다. 엘라이오솜은 형태와 크기, 색깔이 다양하지만 대체로 지방과 단백질이 풍부하다. 일부는 개미를 유혹한다고 추정되는 독특한 냄새를 풍긴다. 먹이를 찾아 나선 개미가 이 종자를 발견하면 집으로 가져가 엘라이오솜을 먹고 씨는 버린다. 어디에 버리냐면, 개미집에는 폐기물을 모아 두는 특별한 방이 있다. 그곳은 기본적으로 지하의 작은 두엄더미이다.

씨앗 입장에서는 안전하게 발아할 수 있는 아주 안정적이고 양분이 풍부한 장소를 찾은 셈이다. 개미는 끼니를 얻고 식물은 개미로부터 가장 안전한 발아 장소를 제공받는 것이다. 한편 개미가 씨앗한테 청결 서비스까지 해 준다는 증거가 있다. 항미생물 물질을 분비하는 개미는 앞서 카너 블루 나비 애벌레에게 그랬듯이 제집에 들어온 씨앗을 얼결에 소독한다. 곰팡이와 기타 미생물은 식물의 싹이 죽는 주요 원인의 하나이므로, 이런 특징은 개미를 종자 산포 대리인으로 삼는 또 하나의 이점이 된다. 이런 식으로 개미를 활용하는 식물 종의 수는 놀랄 만큼 많다. 북아메리카에서는 식물의 대다수가 봄에 꽃을 피우는 종이다. 몇 개만 이름을 대보면 제비꽃, 연영초, 앞서 언급한 야생생강, 아메리카얼레지, 그리고 혈근초 등이 있다. 보통 봄에는 개미가 먹을 식량이 많지 않으므로 이렇게 일찌감치 먹을거리를 제공하는 씨앗은 인기 만점이다. 여름이 되면 청소 동물인 개미는 좀 더 영양가 있는 먹이를 찾아다니기 때문에 씨에는 관심을 덜 주게 된다.

개미에 의한 종자 산포는 온대지역에 국한되지 않는다. 열대지방에서도 보고된 바 있고 아마 앞으로 더 많은 예가 발견될 것이다. 내가 보기에 가장 인상 깊은 예는 영어권에서 양동이난초(bucket orchid)라는 일반명으로 불리는 코리안테스속(*Coryanthes*) 식물이다. 이 난과 식물은 나무의 가지에서 서식하는데 개미의 도움이 없이는 자랄 수 없다. 양동이난초는 사람들이 이른바 '개미 정원'이라고 부르는 지역 안에서만 발견된다. 그 안에서 양동이난초의 뿌리는 나무에 서식하는 개미 집단이 나뭇가지에 집을 지을 때 건설 현장의 비계 역할을 한다. 개미는 육질의 양동이난초 종자를 찾아 집으로 가져와 심는데, 이는 개체군을 확대하는 데 필요한 새로운 비계를 확보하기 위해서이다. 게다가 개미는 침입자로부터 제집을 맹렬하게 지키기 때문에 덩달아 식물의 보디가드 역할까지 자처하면서 식물을 청소하고 돌본다. 양동이난초만큼 다른 생물로부터 극진한 보살핌을 받는 야생 식물은 없을 것이다. 서로 전혀 연관이 없는 두 유기체의 삶이 복잡하게 얽혀 종자를 퍼트린다.

양동이난초는 개미의 보살핌을 받으며 나무의 가지에서 서식한다.

동물을 이용해 번식체를 이동시키는 것이 종자식물만은 아니다. 내가 이 장 전체에서 포자와 종자를 모두 포괄하는 번식체라는 용어를 굳이 사용한 것도 그래서이다. 이끼 역시 포자를 퍼뜨리는 도구로서 동물과 특별한 관계를 맺는다. 그중 가장 근사한 예가 똥이끼(poop moss)라는 덜 사랑스러운 이름으로 불리는 화병이끼속(*Splachnum*, 스플라크눔) 식물이다. 이름이 제시하듯이 이 이끼는 동물 똥 전문가이다. 동물마다 질감과 화학적 성질이 다른 변을 배출하기 때문에 이끼 역시 종마다 다른 똥에 특화되었다. 사슴 똥은 스플라크눔 암풀룰케움이라는 이끼가 가장 좋아하는 서식지이고, 코요테나 늑대의 똥에는 스플라크눔 루테움이 산다.

똥의 문제는 빨리 분해된다는 점에 있다. 그 말은 똥이끼가 포자 확산을 우연에만 맡길 수 없다는 뜻이다. 하지만 바람에 의존하는 대신 이 이끼는 또 다른 똥 전문가를 기용한다. 바로 파리다. 똥이끼 포자는 아주 화려하게 생긴 포자체 끝에서 생산된다. 이 포자체는 크기가 크고 색이 다채로울 뿐 아니라 날개 달린 포자 산포자를 끌어들이기 위해 악취를 풍기기까지 한다. 냄새를 맡은 파리가 그 원천을 찾아 포자체 위에 내려앉을 때 파리의 몸은 끈적거리는 똥이끼 포자로 뒤덮인다. 그리고 날아가서 다른 똥 무더기에 내려앉을 때 일부 포자가 떨어져 새로운 이끼 군락을 시작한다.

동물이 매개하는 확산 방식으로 새로운 영역에 진출할 때, 종자나 포자가 아니라 아예 식물의 일부를 옮길 수도 있다. 식물 중에는 살아 있는 작은 조각에서 온전한 개체가 자라는 것들이 있다. 종에 따라 나뭇가지나 잎, 또는 줄기 전체가 그 대상이 된다. 나는 이런 이유로 인단선(*Cylindropuntia fulgida*)을 좋아한다. 영어식 일반명으로 점핑 촐라(jumping cholla)라고 불리는 이 선인장은 점프 능력과 주변의 불운

저 가시를 보고 있으면 어리숙한 동물의 몸에
능숙하게 올라타는 인단선의 모습이 훤히 그려진다.

한 생명체를 공격하는 능력 때문에 서양인들의 마음에 공포를 일으킨다. 이 선인장의 원통형 줄기는 극도로 날카로운 가시가 빼곡해서 아주 가벼운 압력에도 살갗에 아프게 꽂힌다.

하지만 인단선이 진짜로 점프하는 건 아니다. 다만 선인장의 개별 마디가 서로 아주 약하게 연결되어 살짝만 닿아도 떨어질 뿐이다. 그래서 운 나쁜 등산객이나 말을 타는 사람은 이 식물이 자기를 덮쳤다고 생각하기 쉽다. 인단선의 가시에는 뒤로 구부러진 갈고리가 있어서 표면을 뚫고 들어가 단단히 걸린다. 또한 이 갈고리는 제거할 때도 고통스럽다. 인간처럼 손가락을 집게 대신 사용하지 못하는 동물은 가시를 뽑지 못해 선인장 줄기가 한참 동안 몸에 들러붙어 다니는데, 그게 바로 이 식물이 원하는 바이다.

인단선은 이 전략을 영양 생식의 한 형태로 활용한다. 지나던 동물의 몸에 들러붙은 줄기 조각은 원 식물에서 멀리 이동한 다음에 성공적으로 떨어진다. 만약 운이 좋다면 생장에 우호적인 장소에 떨어져 새 영역에서 새 식물이 생명을 시작할 수 있다. 단, 그 결과는 다소 빠르게 마무리되는 생활사이다. 서 있는 인단선은 상대적으로 수명이 짧다. 다 자란 인단선은 빛과 공간을 두고 경쟁이 심하므로 장기적으로는 혼잡한 곳에서 멀리 떨어지는 것이 유리하다. 이처럼 이동성 있는 형태의 영양생식은 인단선에게 아주 성공적이라 전반적인 해부 구조가 이들의 끔찍한 '점핑' 행동을 중심으로 발달했다.

위에서 언급한 다양한 종자 산포 방식은 식물이 한자리에 뿌리를 박고 살아야 한다는 제약을 극복하기 위해 진화한 다양한 전략 중

한 예일 뿐이다. 그러나 그것이 바람이든, 폭발이든, 사격이든, 소화기관이든, 털이든, 깃털이든, 피부든 간에, 대부분 식물에서 종자 산포는 확률 게임이다. 모든 번식체가 성공할 수는 없다. 사실 환경에 방출된 포자와 종자 대부분이 실패할 운명이다. 식물이 평생 그렇게 많은 번식체를 만드는 이유도 그래서다. 많은 식물 종에게 번식의 성공이란 곧 숫자 싸움이다. 그런데 특이하게도 제 종자를 직접 땅에 심어 종자 산포의 수준을 높인 식물이 있다. 그렇게 해서 이 식물은 종자 산포 과정의 우연성을 최대한 제거한다.

식물이 스스로 텃밭 가꾸기를 한다는 사실에 깜짝 놀랐을 것이다. 식물이 직접 땅을 파고 제 씨를 묻는다니, 이는 생경하기도 하거니와 실제로도 아주 드문 현상이다. 현재까지 보고된 예는 극소수에 불과하지만, 흥미롭게도 세상에서 가장 유명한 식물 중 하나가 우연히 그 범주에 들어간다. 매년 샌드위치, 기내, 스포츠 경기 관람, 그 밖의 장소에서 사람들의 입에 들어가기 위해 수백만 톤의 씨가 생산되는 작물, 바로 땅콩이다.

식물이 땅속에서 열매를 맺는 행위를 '지하결실'이라고 한다. 지하결실에는 몇 가지 방식이 있다. 땅콩의 경우는 수분이 일어난 다음에 일어난다. 땅콩은 수정이 되자마자 꽃대가 길어지면서 줄기가 땅을 향해 휘어서 굽는다. 그리고 땅에 닿으면 꽃대는 발달 중인 깍지를 땅속에 밀어 넣는다. 땅으로 들어간 깍지는 계속해서 부풀고 익어서, 우리가 알고 있는 땅콩 겉껍질 모양이 된다. 야생에서 이 씨앗은 자연의 변덕스러운 자비에 기대지 않고 알아서 땅속에서 발아할 것이다. 사실 땅콩의 종자는 땅 위에서는 아예 발아할 수 없다. 종자 속 배아가 어두운 지하 환경에서만 활성화되기 때문이다.

지하결실은 특히 절벽이나 큰 바위처럼 여건이 좋지 못한 서식지에 사는 식물에 유용하다. 그런 곳에서는 종자가 제대로 확산되기 어려운데 바람이나 동물이 옮기는 씨가 발아에 적합한 바위 틈바구니에 안착할 확률이 높지 않기 때문이다. 그렇다면 종자가 퍼질 때 길을 안내하는 방식이 발아의 기회를 높일 수밖에 없다. 덩굴해란초(*Cymbalaria muralis*)가 좋은 예이다. 지중해 유럽 원산인 이 겸손하고 예쁜 식물은 이제 지구 전역에 분포한다. 이 식물이 수년간 원예업계에서 작게나마 인기를 얻게 된 배경에는 인간의 선호가 한몫한다. 하지만 야생에서 덩굴해란초가 확산하게 된 가장 중요한 이유는 스스로 제 씨를 심는 특성에 있다. 그 방법이 몹시 흥미로워 그냥 넘어갈 수 없다.

덩굴해란초는 굴광성 행동을 보인다. 즉 빛이 들어오는 방향으로 반응한다. 개화 단계에서 꽃대는 처음에 양의 굴광성을 보여 빛의 방향으로 자란다. 그러면 꽃이 햇빛에 노출되어 수분 매개자가 쉽게 접근할 수 있다. 그러나 일단 수분이 끝나면 꽃대 안에서 변화가 일어난다. 발달하는 씨와 함께 씨방이 부풀면 꽃대가 점차 음의 굴광성으로 바뀌어 빛의 반대 방향으로 자라게 된다. 덩굴해란초는 원래 절벽에 사는 식물이므로, 음의 굴광성은 곧 꽃대가 어두운 쪽으로 자라 결국 축축한 바위 틈새로 들어간다는 뜻이다. 그곳이야말로 덩굴해란초 종자가 발아하기에 적합한 장소이다. 바위틈은 대개 씨앗을 먹는 포식자가 닿지 못하는 피난처일 뿐 아니라 절벽과 큰 바위에서 유일하게 미미하게나마 토양과 습기가 모일 수 있는 장소이다. 빛을 피하고 열매를 어두운 구석으로 밀어 넣음으로써 덩굴해란초는 자손에게 수직의 서식지에서 희박하게나마 생존할 수 있는 가능성을 제공한다.

마지막으로 이 장을 끝내기 전에 꼭 언급하고 싶은 종이 있다. 중앙아메리카와 남아메리카의 우림에 살고, 영어권에서는 '걷는 야자

덩굴해란초는 절벽과 바위벽에서 자란다.

(walking palm)'라는 이름으로 불리는 소크라테아 엑소르히자(*Socratea exorrhiza*)라는 식물이다. 이 세상에 걸어 다니는 식물이 딱 하나 있다면 바로 이 종일 것이다. 하지만 혹시 진짜 제 발로 걸어 다니는 나무를 떠올렸다면 그 생각은 접어 두길 바란다. 이 야자나무는 결코 엔트(J. R. R. 톨킨의 소설에 나오는 나무 형태의 거인 종족-옮긴이)가 아니다. 그러나 이 나무의 생물학적 특징은 땅에 단단하게 뿌리박은 제 사촌보다 더 많은 자유를 제공하며, 이를 소개하게 되어 무척 영광이다.

사람들은 이 이상한 야자를 처음 만난 순간을 쉽게 잊지 못한다. 나는 중앙아메리카에 배낭여행을 갔을 때 처음 보았다. 코스타리카 남부의 열대우림을 하이킹하는 중에, 마침 식생이 거의 없는 비탈진 언덕에 이르렀다. 그곳에서 나는 저 멀리 나무가 끝없이 이어진 경치를 볼 수 있었는데, 그때 정말 이상한 야자 두 그루를 보았다. 하나의 굵은 줄기 대신에 뾰족한 촉수처럼 보이는 십여 개의 막대가 나무의 밑동을 받치며 기대어 둘러싸고 있었다. 친구이자 가이드인 식물 전문가 데이브 야나스가 이 한 쌍의 걷는 야자를 보더니, 저 '촉수'가 바로 뿌리라고 말했다. 다른 야자가 무거운 줄기에 투자하는 반면, 걷는 야자는 기울어진 장대 같은 긴 뿌리를 지상으로 잔뜩 뻗어 냈고, 그 위로 야자 잎이 초현실적인 나무 오징어처럼 자라고 있었다.

걷는 야자가 어떻게 '걷게 됐는지' 이해하려면 열대림에 대해 먼저 이해해야 한다. 열대림에서는 분해 작용이 빠르기도 하거니와 아주 숱하게 일어난다. 숲을 가득 채운 열기와 습기 때문에 어디서나 부패의 위협이 존재한다. 이는 위쪽의 숲 지붕에서 나뭇가지가 수시로 떨어진다는 뜻이기도 하다. 또한 숲에서는 나무가 주기적으로 쓰러진다. 이 쓰러진 나무에 깔린 식물은 대부분 치명적인 타격을 입는다. 그러나 걷는 야자에게는 큰 문제가 되지 않는다. 나무가 쓰러지며 함께

걷는 야자는 기울어진 장대 같은 긴 뿌리를 지상으로 뻗어 내어 이동한다.

사진 출처 Alexey Yakovlev / CC BY-SA 2.0 / 위키미디어 커먼스

넘어졌던 걷는 야자가 그 밑에서 '걸어 나오는' 것이 실제로 목격되었다. 비결은 저 기울어진 뿌리에 있었다. 걷는 야자의 줄기는 어느 부위에서나 뿌리를 내릴 수 있다. 나무가 쓰러지면 줄기가 새로운 뿌리를 흙으로 내려 보낸다. 이 과정이 속도를 내면, 걷는 야자는 제 몸을 짓누른 가지가 없는 새로운 장소에 다시 뿌리를 내리게 된다. 그리고 쓰러진 줄기를 뒤에 남긴 채 숲 지붕으로의 여행을 계속한다.

빽빽한 우림에서는 쓰러져 짓눌리는 것만이 야자가 맞닥뜨리는 유일한 위협은 아니다. 빛은 우림 하층부의 짙은 그늘에서 구하기 힘든 자원이다. 열대지역에서는 식물이 너무 빨리 자라기 때문에, 빛이 충분히 통과하던 숲 지붕도 일주일이면 닫히고 만다. 만약 식물이 몸을 움직일 수 있다면 해가 더 잘 비치는 지역으로 이동하고 싶을 것이다. 이것이 걷는 야자가 하는 일이다. 위에서 말한 덩굴해란초의 꽃대처럼. 야자의 가지는 양의 굴광성을 지니고 있어서 항상 광원을 향해 기운다. 이런 성질이 때로는 줄기에 큰 부담을 주어 나무가 쓰러질 때도 있다. 이때도 걷는 야자는 기울어진 뿌리를 내려 보내 이 문제를 해결한다. 빛을 쫓아가는 제 몸체를 이 뿌리가 하층부에서 지지한다. 마음에 드는 장소에 도착하면 그제야 걷는 야자는 몸을 똑바로 세우고 위로 자란다. 어떤 면에서 이 야자는 최적의 빛 조건을 찾아 숲을 '걸어 다니는' 셈이다. 한 곳에 정착하게 되면 오래된 줄기나 뿌리는 대개 썩어서 없어진다. 어린 나무에서는 이런 과정이 2~3년 안에 빠르게 일어난다. 거의 모든 나무가 처음 발아한 곳에 붙박여 지내지만 걷는 야자는 저런 제약으로부터 해방되었다고도 볼 수 있다.

이런 형태의 '걷기'가 영양생식을 하는 식물의 행동과 다를 바 없다는 주장이 있다. 많은 식물이 뿌리줄기나 기는줄기를 이용해 더 나은 영역으로 길을 찾아 나서기도 하니 말이다. 그러나 나는 걷는 야자가 극한의 사례를 보여주었다고 본다. 또한 이 야자는 자원을 찾아

다니는 식물의 능력을 보여주는 가장 인상 깊은 시각적 예시이기도 하다.

이 장에서 내가 의도한 것은 식물이 우리 생각처럼 마냥 꼼짝하지 않는 정적인 유기체가 아님을 보여주는 것이었다. 식물은 자연을 돌아다니는 능력을 제대로 갖추었다. 다만 우리가 쉽게 인지하거나 알아차리지 못하는 방식으로 움직이고 있을 뿐이다. 생물이 가득 찬 서식지에서 식물도 제 몫을 하고 있음을 상기시킬 가치가 있다. 어떤 식물도, 그리고 사실상 어떤 생물도 무에서 홀로 작동하지 않는다. 식물은 지속해서 공간을 두고 서로 경쟁해야 한다. 또한 먹히지 않기 위해 자신을 보호해야 한다. 식물은 경쟁과 수비에 필요한 수없이 많은 메커니즘을 진화해 왔다. 그 능력은 사악해 보일 정도로 뛰어나다. 사소한 인간의 감정이 생명의 세계에는 부재한다는 사실은 몇 번이고 강조할 만하지만 그렇다고 해서 식물이 번식할 때까지 살아남기 위해 해야 할 일을 등한시한다는 말은 아니다. 다음 장에서는 어떻게 식물이 관심과 배려가 없는 세상에서 생존을 위해 싸우는지 자세히 살필 것이다.

5장

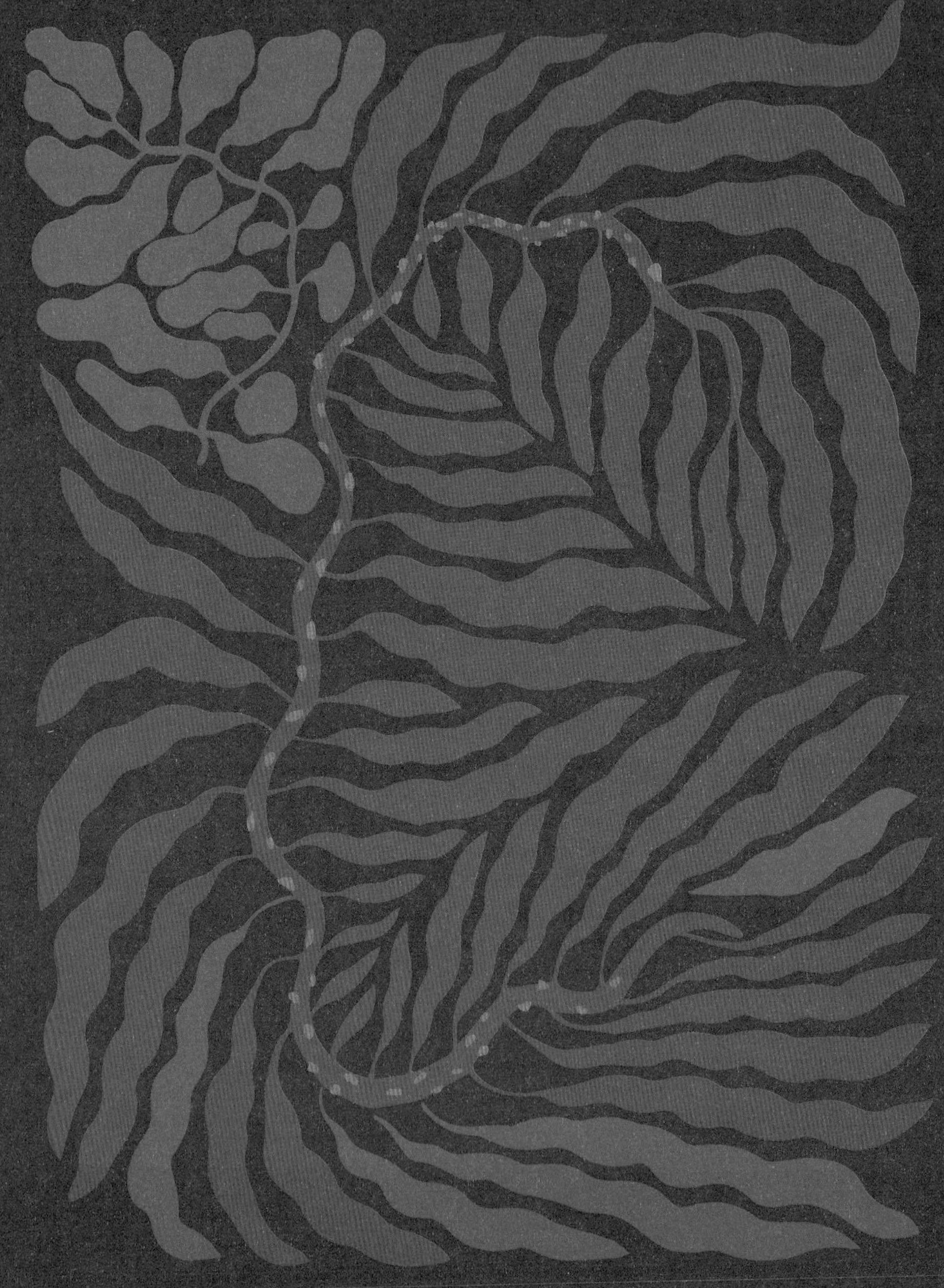

생존을 위한 분투

나는 오해를 바로잡는 일을 즐기는 편이다. 그렇다고 어그로꾼처럼 굴지는 않는다. 상대의 신념을 무작정 비난해서도 안 되겠지만, 잘못된 정보가 가득 찬 세상에서 최대한 많은 속설을 깨부수는 게 중요하다고 본다. 내가 생각하기에 사람들이 극복해야 하는 가장 큰 선입견 중 하나는 자연 세계가 마냥 평화롭고 또 조화롭다고 보는 것이다. 이 관점은 어디까지나 인간의 발명품이며, 우리의 나약한 의식이 자연과 우주의 냉정하고 무정한 본질에 대처할 수 있게끔 세상에 적용된다. 화성의 지층에서 사람의 얼굴을 보고, 타버린 토스트 조각에서 성모마리아의 형상을 찾는 변상증(불규칙한 형상에서 익숙한 형태를 찾아내는 심리 현상-옮긴이)처럼, 세상에 의미를 부여해야 할 필요 때문에 인간은 본질적으로 기브 앤 테이크에 불과한 자연에서 이타주의를 발견하고 존재하지 않는 조화를 보게 된다.

생태학의 핵심은 균형이다. 생태학자는 식물과 같은 유기체를 의지나 의식이 있는 존재로 보지 않고도 사람들이 공감할 수 있도록 노력해야 한다. 그런 면에서 의인화도 어느 정도까지는 허용될 수 있다고 본다. 나는 사람들이 식물을 지나치게 인간과 동일시하지 않고도 식물을 돌보고 보호할 수 있도록 중간에서 줄타기를 하고 있다. 분명 식물은 인간과 다르다. 내가 식물을 좋아하게 된 이유도 거기에 있다. 그럼에도 이 장에서 나는 잠시 식물을 인간에 빗대어 설명하려고 한다. 전쟁은 서로 다른 국가, 지역, 단체 사이의 무장된 충돌로 정의

된다. 그렇기에 식물이 서로 경쟁하고 방어하는 많은 수단도 전쟁에 비유할 수 있다고 본다.

모든 인간의 전쟁은 본질적으로 자원의 통제를 두고 벌어진다. 인간이 차지하려고 싸우는 자원은 대개 땅, 돈, 석유이다. 하지만 식물에게 가치 있는 자원은 다르다. 식물 입장에서는 물, 영양소, 공간, 빛이 만성적인 공급 부족 상태이다. 식물은 주어진 환경에서 제 위치를 유지하고 생장과 번식에 필요한 것을 얻기 위해 최선을 다한다.

앞으로 보겠지만 식물이 경쟁과 방어에 사용하는 방법 중에 인간이 전쟁에서 시도했다가는 유엔의 엄중한 제재를 받을 것들이 많다. 식물은 살아남기 위해 분투하는 생명체임을 항상 기억하길 바란다. 땅에 붙박여 살아야 하는 제약 때문에 자연선택은 믿기 힘들 정도로 기막힌 식물학적 방어 전략을 이끌어 왔다. 우선 경쟁에서 시작해 보자. 개인적으로, 식물이 서로 경쟁하는 존재라는 사실은 내가 식물에 집착하게 된 가장 큰 이유 중 하나이니까.

모든 종이 어느 정도 경쟁을 경험한다. 식물의 세계에서 경쟁은 주로 공간과 빛의 문제이다. 식물은 뿌리를 뻗어 양분과 물을 흡수할 지하 공간이 필요하다. 토양은 복잡하고 역동적인 환경이지만 이용할 수 있는 공간이 제한된다. 한 식물의 뿌리가 조밀할수록 다른 뿌리가 비집고 들어올 공간이 줄어들기 때문이다. 작물을 심을 때 간격을 두고서 심도록 권장하는 이유도 그래서이다. 또한 식물은 잎을 펼칠 지상 공간도 확보해야 한다. 한 식물의 잎과 가지가 다른 식물과 서로 겹쳐 있으면, 둘 중 큰 것은 햇빛을 더 많이 받고 작은 것은 서서히 굶게 된다. 조용한 숲을 이런 맥락에서 그려 보면 재밌다. 혼잡한 버스에 탄

사람들처럼 식물은 필요한 공간을 얻기 위해 싸운다. 다만 소리를 내지 않을 뿐이다.

식물이 이웃과의 경쟁에서 이기는 가장 쉬운 방법은 남보다 크게 자라는 것이다. 우리는 다양한 크기의 식물을 보는 것에 익숙하지만, 왜 종과 종 사이에 그렇게 많은 변이가 있는지 생각해 본 적은 별로 없다. 꽃다지속의 드라바 베르나(*Draba verna*)처럼 땅에서 고작 1~2밀리미터 올라온 게 다인 초소형 식물이 있는가 하면, 하늘로 110미터까지 치솟은 세쿼이아나무 같은 골리앗이 있다. 그 이유가 무엇일까? 그건 모두 경쟁 때문이다. 진화의 관점에서 다른 이유로는 설명되지 않는다.

식물이 물을 떠나 뭍을 뒤덮기 시작했을 때, 어떤 식물은 다른 식물보다 더 크게 자랐다. 사실 식물이 몸을 키우는 것은 비용이 들 뿐 아니라 더 취약해지는 일이다. 튼튼한 세포조직을 생산하는 데 투자하는 비용은 지면 가까이에서 살아가는 식물보다 키를 높이 키워야 하는 식물이 더 클 것이다. 또한 키가 큰 식물은 보통 강한 바람이나 벼락의 희생이 될 가능성이 크다. 그리고 가뭄에도 타격을 입기 더 쉽다. 식물의 키가 클수록 중력을 거슬러 물이 위로 이동하기가 더 어렵기 때문이다. 하지만 한편으로 이웃 식물의 윗자리를 차지한다는 것은 기본적으로 햇빛을 더 많이 받는다는 뜻이며, 동시에 바람이나 곤충 같은 수분 매개체의 접근도 더 유리하다는 말이다. 그만큼 포자나 종자 확산의 기회도 크다. 일단 경주를 시작한 이상 멈출 수가 없다. 멀대처럼 키가 큰 풀이 무성한 들판을 지나거나 높이 솟은 나무가 빽빽한 숲을 걸을 때, 우리는 수백만 년간 지속된 진화적 군비 경쟁의 결과를 목격하고 있는 셈이다. 3억 8500만 년 전 데본기 이후로 이 싸움은 멈춘 적이 없다.

그렇다고 모든 식물이 세쿼이아나무처럼 크게 자라는 것은 아니다. 많은 종이 땅에 가까이 붙어 지내면서도 잘 살아 내고 있다. 이 역

세쿼이아나무는 100미터가 넘게 자라는 골리앗 같은 나무다.

사진 출처 픽사베이

시 경쟁과 연관이 있다. 더 적은 빛으로도 광합성 하는 방법이 진화한 식물 계통은 그렇게 몸을 키울 필요가 없고 그늘진 환경에서도 잘 산다. 몸을 작게 유지하면서도 필요한 자원을 얻을 수 있다면 에너지를 낭비해 가며 이웃보다 크게 자랄 이유가 없다.

이쯤에서 잠깐 나무로 돌아가 보자. 나무는 식물 사이의 경쟁을 증명하는 가장 훌륭한 증거물이다. 나무는 식물의 키를 극한으로 키웠다. 큰 줄기와 두꺼운 가지를 이루는 목질부는 잎이 더 높은 곳에서 자라게끔 기둥을 제공하는 것 말고는 다른 이점이 없다. 어찌 보면 나무는 식물이 헤프게 생장하는 예이다. 그러니까 경쟁을 고려하기 전까지는 말이다. 경쟁이 없었다면 애초에 나무는 진화하지도 않았을 것이다. 그러나 사람들이 나무와 숲을 생각할 때는 보통 평화와 평온한 이미지를 떠올린다. 맨 처음 나무를 존재하게 한 그 치열한 분투와 경쟁을 고려하지 않는다. 그건 아마 상당 부분 숲 생태계에 관한 최근의 과학적 발견을 미디어가 잘못 해석했기 때문일 것이다.

이 시점에 누군가가 "이봐 맷, 우드 와이드 웹(wood wide web)에 대해서는 어떻게 생각하지? 과학자들도 나무가 서로 나누며 살아간다고 했잖아. 서로 경쟁하는 대신 양분을 공유한다고 말이야!"라고 항변한다면, 이는 내가 던진 미끼를 문 것이다. 특정 인물을 지칭하는 것은 아니지만, 내가 보기에는 인간 문화와 자연을 불필요한 고리로 연결시켜서 인간이 살아가는 방식에 대해 얄팍하게 설명하는 저널리스트들이 있는 것 같다. 몇 년 전, 미디어에서 인기몰이를 한 우드 와이드 웹 개념도 그렇다. 우드 와이드 웹은 나무가 토양에서 균근균과 협력 관계를 맺고 자원을 주고받을 뿐 아니라, 뿌리와 뿌리를 연결하는 방대한 균사망을 통해서 다른 나무와 화학적으로 소통한다는 아주 충격적인 발상이다. 몇 주에 걸쳐 많은 방송 매체가 기회를 놓치지 않고 이 사실을 방송에 내보냈다. "나무는 서로 이야기를 한다! 나무는 서로 나누며 산다! 나무는 스스로 돌본다" 등 나무의 이타주의에 관한 온갖 주장이 난무했다.

물론 토양에 서식하는 곰팡이와의 관계가 아니었다면 오늘날 대부분의 식물이 존재하지 않았을 것이다. 나무도 예외는 아니다. 균근균과의 관계가 비관속 식물에서부터 현화식물까지 모든 식물 계통에서 발견된다는 사실로 미루어, 이것이 지구에서 가장 중요한 상리공생 관계라고 주장할 수 있을지도 모른다. 균근균과의 관계를 보여주는 사례에는 많은 변형이 있지만 결국에는 서로 주고받는다는 단순한 관계로 귀결된다. 곰팡이는 식물이 혼자서는 이용할 수 없는 영양소를 주고, 식물은 곰팡이가 하지 못하는 광합성을 해서 만든 탄수화물을 대가로 준다. 그러나 과학 기술의 발전으로 이 관계가 얼마나 복잡한지를 알게 되었다. 최근 연구에 따르면 뿌리를 연결하는 곰팡이 네트워크 덕분에 실제로 나무와 나무 사이에서 영양소가 공유된다. 또한 같은 곰팡이 네트워크를 통해 호르몬과 페로몬을 주고받아 진딧물을 비롯한 해충의 위협을 전하는 것도 알게 됐다. 이는 나무가 경쟁은커녕 균근균을 인터넷 통신망처럼 사용해 임박한 재난을 경고하고 필요한 곳에 자원을 전달함을 보여준다. 이렇게 보면 숲은 모든 거주자가 조화롭게 살고 있는 하나의 거대한 공동체임이 분명하다. 그러나 나는 이 관점을 그리 신뢰하지 않는다.

확실히 해 둘 것이 있다. 나는 우드 와이드 웹 개념에서 과학적 오류를 찾지 못했다. 해당 연구 논문을 읽었고 탄탄한 과학적 사실을 바탕으로 한 결과임을 확인했다. 내가 믿지 못하는 것은 결과에 대한 해석이다. 우주 삼라만상에 의미를 부여하려는 시도에서, 인간은 모든 형태의 생명체를 인간화하려는 기회를 놓치지 않는다. 나무와 나무가 곰팡이 네트워크를 통해 양분을 전달하고 소통한다는 증거는 사실이다. 그런데 이 사실을 곰팡이 입장에서 생각해 보면 훨씬 합리적인 설명이 가능하다. 균근성 곰팡이도 하나의 살아 있는 생물이며 나무에 의존해 탄소를 공급받는다. 탄수화물 제공원인 나무가 없으면 곰팡이는 오로지 혼자의 힘으로만 살아야 한다. 자신이 먹고사는 데 나무가 필요하다면 네트워크의 일원이 제대로 살고 있는지 체크하는 것은 당연한 일이다. 그래서 곰팡이는 나무 사이의 공유를 감독한다. 건강한 나무로 이루어진 탄탄한 네트워크에서만 많은 것을 얻을 수 있기에, 그 네트워크를 유지하기 위해 애를 쓴다.

이 관계의 방정식에서 곰팡이를 빼더라도, 나무 사이의 공유는 대부분 근연 관계의 개체 사이에서 일어난다는 증거도 있다. 지구의 모든 생물이 자기와 DNA를 공유하는 개체에 좀 더 '이타적인' 행동을 보이는 편이다. 부모는 제 자식을 남의 자식보다 더 아끼고, 제 형제자매를 피 한 방울 안 섞인 남보다 더 신경 쓴다. 이것이 친족 선택이라는 것이다. 간단히 말해 생명체는 곧 DNA이고 DNA는 제 복제본을 보살핀다. 서로 근연 관계인 나무 사이의 공유는 쉽게 이해가 간다. 자손은 부모와 아주 가까운 근연 관계이기 때문이다.

이쯤에서 나무의 높이와 취약성의 문제로 다시 돌아오면, 우리는 숲이 스스로 미기후를 형성한다는 사실을 알아야 한다. 숲이 조밀하고 그늘이 있다는 것은 곧 일반적으로 숲의 하층부가 더 시원하고 축축하며 바람이 덜 분다는 뜻이다. 죽은 나무는 숲 지붕에 틈을 만들기 마련인데 그러면 주변의 미기후가 달라진다. 나무 한 그루가 죽으면 그 주변의 살아 있는 것들은 가뭄과 바람에 더 취약해진다. 삶과 죽음의 게임은 열악한 조건이 닥칠 때마다 공동체 일원 간에 일정 수준의 협업을 강제하며, 나무 역시 곰팡이, 딱정벌레, 새와 마찬가지로 그 게임의 참여자이다. 저가 몸담고 있는 공동체의 생존이 곧 제 미래의 보장인 셈이다.

너무 딴 길로 샌 것 같은데, 아무튼 남보다 크게 자라는 것은 성공의 한 방식이지만 유일한 선택 사항은 아니다. 2장에서 설명한 마늘냉이를 기억하는가? 경쟁자의 발아, 생장, 번식을 억제할 화학적 도구가 진화한 식물은 마늘냉이만이 아니다. 다른 수많은 식물이 타감 작용을 전략으로 사용한다.

진달랫과의 세라티올라 에리코이데스(*Ceratiola ericoides*)의 예를 들어 보자. 미국 남동부 남단의 모래 서식지에 사는 이 식물은 타감 작용을 이용해 다른 식물과의 경쟁은 물론이고 산불을 피한다. 세라티올라 에리코이데스는 주기적으로 산불이 일어나는 관목 지대에 서식하는데, 이웃 종들과 달리 불에 견디도록 적응하지 않았으므로 가벼운 화상에도 죽을 수 있고 흙 속에 묻힌 씨앗이 싹을 틔워 자라야만 재생할 수 있다. 그렇다고 산불에 항상 취약한 것은 아니다. 이 식물 역시 화학전을 활용해 생존의 기회를 늘린다.

불을 피우려면 연료가 있어야 한다. 야생에서는 마른 잎이나 가지 같은 식물성 물질이 연료가 되므로 주위에 이런 물질이 많을수록 불에 탈 가능성도 크다. 세라티올라 에리코이데스가 서식하는 지역의 하층부는 불에 강한 식물 종이 많다. 그중에서도 볏과 식물이 가장 불에 잘 견디며, 특히 이 식물이 불에 탈 때는 불을 더 뜨겁게 태우는 특별한 화학물질이 방출된다(이 역시 경쟁을 줄이는 화학전의 하나이다). 이런 상황이 세라티올라 에리코이데스한테는 불리하다. 불에 적응한 종이 너무 가까이 있으면 불에 노출될 확률이 높을 뿐 아니라 화염의 강도도 거세진다. 타감 작용이 제 역할을 하는 지점이 바로 이 부분이다.

세라티올라 에리코이데스가 방출하는 타감 물질은 다른 종의 발아와 생장을 억제한다. 이 물질은 특히 불에 잘 적응한 볏과 식물에 효과가 좋다. 세라티올라 에리코이데스의 잎이 땅에 떨어질 때마다 분해되어 즉시 이 식물을 둘러싼 토양에 화학 혼합물을 방출한다. 이것

세라티올라 에리코이데스 관목은 화학 혼합물을 방출하여 경쟁 식생을 제지한다.

은 식물이 뿌리를 뻗는 인접 지역에 제한된다. 이 식물의 뿌리는 몸의 바깥쪽으로 가지를 뻗기 때문에 화학전의 효과는 주변 몇 미터 반경까지 증가한다. 멀찍이 서서 이 관목들을 보면 주위에 아무 풀도 자라지 않는 땅이 고리처럼 둘러싼 것을 볼 것이다. 실제로 세라티올라 에리코이데스는 근처에 불에 적응한 식생이 자라지 못하게 하여 연료를 사전에 제거하고, 덕택에 화마가 지나가도 생존 확률이 높아진다.

타감 물질의 효능이 훌륭할수록 이 물질을 생산하는 데는 에너지가 필요하다. 이 독극물에 자원을 투자하면 상대적으로 생장과 번식에 쓸 양이 줄어든다. 아마도 그래서 어떤 식물은 주변에 이미 존재하는 독성 물질을 활용하게 되었을 것이다. 그 대표적인 예가 앨러게니블랙베리(*Rubus allegheniensis*)이다. 북아메리카 대륙의 동부나 서부의 숲에 가면 이 종을 쉽게 볼 수 있다. 앨러게니블랙베리는 어디에서나 쉽게 가시 돋친 빽빽한 덤불을 이루고 잠재적인 경쟁자를 물리치는 데도 탁월하다. 그러기 위해 직접 독성 화합물을 제조하는 대신 이미 토양 깊이 존재하는 중금속을 사용한다.

놀랍게도 앨러게니블랙베리는 뿌리를 이용해 토양 속 망간을 이 층에서 저 층으로 재배치한다. 식물에게 필요 없는 능력처럼 보일지 모르지만 그 능력을 발휘해 이 식물이 주위 식생에 어떤 영향을 미치는지 알면 생각이 달라질 것이다. 특히 고농도의 망간은 식물에게 치명적인 독성이 있다. 하지만 앨러게니블랙베리는 망간에 면역이 있을 뿐 아니라 망간을 유용하게 이용하는 두 가지 도구를 갖추었다. 먼저 뿌리를 도관으로 사용해 땅속 깊이 있는 망간을 얕은 토양층으로 옮긴다. 그리고 생장하는 동안 망간을 흡수해 잎에 저장한다. 이 잎이 떨어져 썩으면 농축된 망간이 식물 주변의 흙을 중독시킨다. 망간의 독성에 면역이 없는 식물에게는 치명적이다. 즉 앨러게니블랙베리는 제

빽빽한 덤불을 이루는 앨러게니블랙베리는 토양의 망간을 이용해 독성물질을 만든다.

사진 출처 Famartin / CC BY-SA 4.0 / 위키미디어 커먼스

거하고 싶은 경쟁자를 중금속으로 독살하는 셈이다.

사실 식물에게 가장 직접적인 위협이 되는 것은 다른 식물이 아니라 식물을 먹고 싶어 하는 동물이다. 잎 달린 끼니를 보고 덤비는 초식동물을 방어하는 방식에도 여러 가지가 있다. 그 방식을 크게 세 가지 범주로 나누면 가시 등의 물리적인 방어, 타감 물질처럼 초식동물을 저지하거나 중독시키는 화학적 방어, 마지막으로 보디가드를 기용하는 상리공생이 있다. 이 세 범주의 사례만 나열해도 책 한 권을 쓸 수 있을 정도인데, 그중 몇 가지 예만 들어도 우리가 식물이라는 이웃 생물을 보는 방식이 바뀌고도 남는다. 지금까지 내가 수없이 말했듯이 식물은 조용하고 정적인 생물이 아니며, 지구에서 나머지 생물을 부각시켜 주는 무기력한 배경이 아니다. 식물도 다른 생물과 똑같이 생존을 위해 적극적으로 싸운다.

만약 나와 같은 어린 시절을 보낸 이들이라면, 복분자나 산딸기, 장미, 청미래덩굴에 숱하게 찔려 봤을 것이다. 하도 피를 많이 '수혈'해서 그걸로 헌혈의 집을 운영해도 되겠다고 생각한 적도 있다. 이런 식물의 무기에 살갗이 찢겨 본 적이 있다면 초식동물에 대항하는 저들의 물리적 무기가 얼마나 효과적인지 잘 알 것이다. 하지만 이 책에서는 이런 흔한 예를 반복하느라 시간을 들이는 대신 우리 눈에 훨씬 덜 눈에 띄는 예를 들어 보려 한다.

이런 물리적 방어를 고약한 화학물질과 결합하는 식물이 있다. 그 가장 좋은 예가 쐐기풀이다. 쐐기풀에도 여러 종이 있지만 내가 사는 북아메리카 동부 지역에서는 서양쐐기풀과 캐나다혹쐐기풀을 가

서양쐐기풀의 줄기와 잎을 자세히 보면, 분비모라고 하는 미세한 털로 뒤덮여 있다.

사진 출처 Salicyna / CC BY-SA 4.0 / 위키미디어 커먼스

장 쉽게 만날 수 있다. 이 식물의 줄기와 잎을 자세히 보면 미세한 털로 덮여 있는데, 분비모라고 하는 이 털이 쏘는 역할을 한다. 각 분비모는 받침대 위에 올라 있는 긴 세포로 구성되어 있으며, 아주 뻣뻣하고 스치면 끝이 쉽게 부러진다. 또한 이 털들은 속이 비어 있어서 부러지기 좋은데, 그 순간 초미니 피하주사기로 변신한다. 우연히 지나가다 재수 없게 스친 동물의 피부를 찌르고 이 '공격자'의 세포조직에 자극적인 용액을 주입한다. 주사액 자체도 상당히 흥미롭다. 분석 결과 히스타민, 아세틸콜린, 세로토닌, 심지어 개미산이 혼합된 것으로 밝혀졌다.

이런 수비가 모든 초식동물에게 먹히는 것은 아니다. 예를 들어 애벌레 같은 작은 무척추동물은 쏘는 털 사이를 누비고 다녀도 아무렇지도 않은 것 같다. 실제로 쐐기풀은 많은 곤충의 중요한 숙주 식물이다. 쐐기풀의 쏘는 형질은 대형 초식성 포유류에 대항해 진화한 것으로 보인다. 작은 무척추동물보다는 덩치 큰 포유류가 식물 전체에 당장의 위협을 더 많이 가하기 때문일 것이다. 흥미로운 것은 쐐기풀이 초식성의 강도에 따라 다르게 반응한다는 점이다. 초식동물에게 호되게 해를 입은 적이 있는 식물은 별로 잎이 뜯겨 본 적 없는 식물보다 쏘는 털의 밀도가 더 높은 잎과 줄기를 재생하는 것이 밝혀졌다. 이 역시 합리적으로 이해할 수 있다. 쏘는 털과 그 털에 들어간 화학물질을 생산하려면 자원을 써야 한다. 그래서 동물에게 심하게 뜯긴 경험이 없는 식물이라면 굳이 방어 물질에 귀중한 자원을 투자하지 않는다. 또한 서양쐐기풀 같은 종에서는 암꽃이 피는 식물이 수꽃이 피는 식물보다 쏘는 털을 더 많이 생산하는데, 수컷이 꽃가루에 투자하는 것보다 암컷이 종자에 투자하는 자원이 더 많으므로 가치 있는 생식적 자산에 대한 보호에 신경 쓰는 것으로 보인다.

물리적 방어와 화학적 방어의 기막힌 조합 중에 '침상 결정'이라는 미세한 구조물이 있다. 이는 초식동물을 저지하는 효능이 대단히 뛰어나 200개 이상의 과에서 독립적으로 진화했는데, 멀리서 찾을 필요 없이 파인애플, 키위, 시금치, 근대 같은 흔한 채소와 과일에 다량으로 들어 있다. 다행히 품종 개량을 거치며 그 강도를 줄여 왔지만 너무 과하게 먹으면 콩팥에 문제가 생길 수 있다. 이 외에도 좀 더 강력한 예를 많은 가정의 베란다에서 찾을 수 있다. 침상 결정은 특히 천남성과에서 흔한 방어 수단인데 그중에 사람들에게 사랑받는 실내식물이 있다.

디펜바키아, 스킨답서스, 몬스테라 같은 식물들을 입에 넣고 씹으면 얼마 지나지 않아 입과 목이 타들어 가는 느낌이 든다. 많이 먹으면 구강 마비와 자극, 과도한 침 분비, 붓기, 심지어 신부전이나 간부전까지 올 수 있으니 절대 먹어서는 안 된다. 이 증상은 침상 결정으로 시작된 초식동물 방어 전략의 복잡한 한 형태이다. 이 결정은 다양한 형태와 크기를 지니지만 가장 고약한 것은 작은 바늘처럼 생겼다. 식물은 특수 세포에서 옥살산칼슘을 사용해 이 결정을 만든다.

침상 결정은 방어의 제1단계에 불과하다. 특수 세포 안에서 형성되는 침상 결정은 아리고 독성이 있는 단백질로 둘러싸인다. 침상 결정이 들어 있는 식물의 조직이 손상되면 -대개는 잎을 씹었을 때- 특수 세포 안에 있던 침상 결정이 동물의 입을 쏘고 미세한 바늘이 입, 식도, 장의 점막을 찌르고 찢는다. 이 결정으로 생긴 상처로 유독한 화합물이 침투한다. 이제부터 정말 심각해지는데, 단백질이 충분히 독성을 지니면 이 동물은 이제 단순히 타는 느낌 이상을 걱정해야 한다. 몸집이 작은 동물은 큰 동물보다 더 영향을 받기 쉬우며, 심각한 장기 손상이나 죽음도 전례가 없는 것은 아니다. 꽤나 공포스럽긴 하지만

코스트리카 우림의 그늘진 하층부에서 자라는 디펜바키아.
초식동물은 독이 든 이 잎을 알아서 피하는 지혜가 있다.

그렇다고 겁에 질려 이 식물을 멀리할 것까지는 없다. 식물의 잎이나 줄기를 씹지 않는 한 괜찮다. 오히려 이 놀라운 형태의 방어를 알고 나면 훨씬 더 존경하게 될 것이다.

화학전은 식물이 할 수 있는 가장 효과적인 방어 수단이다. 사실 세상에서 가장 독성이 강한 화합물을 생산하는 곳도 식물의 세계다. 겉으로 그토록 무해해 보이는 생물이 이토록 치명적일 수 있다는 사실이 믿기 힘들다.

내가 매년 여름 즐겨 기르는 식물 중에 가짓과의 독말풀이 있다. 밤에 피는 꽃의 아름다움이 이 식물의 치명적인 속성을 가려 주지만, 사실 독말풀속 식물은 스코폴라민과 아트로핀 같은 유독성 알칼로이드 화합물을 생산하는 것으로 유명하다. 소량으로도 일주일을 망치는 데 충분하고 거기에 조금 더 섭취하면 무덤까지 데려간다. 독말풀속 식물의 잎을 한입 물면 경련, 불규칙한 심장 박동, 어지러움, 메스꺼움, 흐린 시야, 현기증, 환시 따위를 경험하는데 증상이 너무 심해서 현실 감각을 잃어버릴 정도이다. 그나마도 이것은 살아남았을 때의 얘기다. 독말풀속 식물을 기를 때는 그 어떤 식물보다도 특히 주의해야 한다.

식물이 초식동물에 대항할 때 달랑 한 마리를 중독시키거나 죽이는 것으로는 충분하지 않을 때가 있다. 애벌레 같은 초식동물은 수가 너무 많아서 한 마리 없애는 걸로는 턱도 없다. 모조리 박멸하지 않으면 식물 입장에서는 모든 것을 잃을 수도 있다. 많은 식물이 메틸 자스모네이트라는 물질을 생산하는 이유가 그래서다. 이 물질은 식물 안에서 다양한 기능을 수행한다. 발아, 뿌리 생장, 열매 숙성과 같은 중요한 과정에 두루 쓰이지만 방어에도 사용된다. 메틸 자스모네이트는 식물이 손상되었을 때 방출된다. 그러면 이웃하는 식물이 이 화합물을 감지해 제 화학 방어를 강화하는 방식으로 대응한다. 다시 말하지만 이는 이타적 희생이라기보다 다른 식물이 제 이익을 위해 이웃의 고통을 엿들은 결과일 가능성이 크다. 이웃이 공격받았다면 다음 차례는 자신일지도 모르니까.

메틸 자스모네이트의 가장 흥미로운 속성은 애벌레의 동족 포식을 유도한다는 것이다. 맞다, 동족 포식. 토마토에서 메틸 자스모네이트를 연구하는 과학자들은 이 화합물이 흔한 해충인 파밤나방 유충으로 하여금 동족을 서로 잡아먹게 한다는 사실을 밝혔다. 파밤나방 유충 같은 초식성 동물 사이에서도 동족 포식의 사례가 없지는 않지만, 대개 먹을 것이 하나도 없어 완전히 굶주렸을 때만 시도되는 행동이다. 그런데 메틸 자스모네이트는 애벌레로 하여금 천성을 거슬러 배가 덜 고파도 동족 포식을 하게끔 유도한다. 그래서 식물을 먹는 대신 애벌레는 서로를 잡아먹는다. 인간에게는 효과가 없어서 천만다행이다.

화학적 방어가 효과적이기는 하지만 그만큼 생산하는 데 비용이 든다. 알칼로이드 같은 화합물은 보통 공급이 부족한 질소를 많이 사용한다. 그래서 어떤 식물은 위협이 닥칠 때까지 기다렸다가 방어 물질을 생산하는 방식으로 해결한다. 플라타너스단풍과 유럽너도밤나무 같은 나무는 생장하는 가지나 잎의 끝부분이 사슴에게 뜯어 먹혔다는 신호를 받은 후에만 타닌 같은 방어 화합물을 생산한다. 복잡한 화학 경로를 거쳐 이 식물은 상처에서 사슴의 침을 감지한다. 침이 감지되면 나무는 세포조직에서 타닌 생산을 증가시키기 시작한다. 타닌은 동물의 장 속 단백질에 붙어 소화를 늦추므로 잎에서 타닌의 양이 증가하면 사슴은 덜 먹는다. 위협이 감지될 때까지 화학적 방어를 발동하지 않고 대기함으로써 나무는 귀한 에너지를 아껴 다른 데 사용할 수 있다.

그러나 앨러게니블랙베리 사례에서 보았듯이, 환경이 알아서 무기를 만들어 준다면 뭐 하러 독극물을 생산하는 데 에너지를 쓰겠는가? 그것이 중금속 축적 식물이 하는 일이다. 중금속 축적은 단일 종이 아닌 다양한 식물 분류군에서 나타나는 전략이다. 이런 식물의 공통점이라면 다른 유기체에 치명적인 중금속을 제 몸에 농축시킨다는 것이다. 물론 이런 전략은 토양의 금속 수치가 높은 지역에서만 가능하다. 보통 중금속 축적 식물은 사문석 같은 금속을 함유하는 토양에서 발달한다.

금속성 토양은 높은 금속 함량 때문에 대체로 식물이 살기 어렵다. 그런 토양에서 자라는 식물은 분포가 극히 제한되고 다른 곳에서는 자라지 못하거나 독성이 약한 일반적인 토양에서는 다른 식물을 이기지 못한다. 중금속 축적 식물은 니켈, 아연, 카드뮴을 포함한 다양한 금속을 수집한다고 보고되었다. 실제로 어떤 종은 수액의 색깔까지 변한다. 그 최고의 예가 누벨칼레도니 고유종인 피크난드라 아쿠미나타(*Pycnandra acuminata*)이다(프랑스어 일반명으로는 푸른 수액이라는 뜻에서 '세브블루'라고 불린다-옮긴이). 그 수액에는 니켈이 대량 들어 있어서 자유의 여신상과 똑같은 청록색이다. 누벨칼레도니는 금속성 토양이 널린 곳이라 이런 나무를 발견하는 게 그리 놀랄 일은 아니다. 그러나 이 나무에 축적된 금속의 양은 주목할 만하다. 이 청록색 수액의 25퍼센트 이상이 니켈이라는 연구 결과가 있다.

완전히 확신할 수는 없지만 이 식물이 수액을 독액으로 만드는 것은 아마 방어가 주 목적일 것이다. 조직의 중금속 농도가 높으면 그 식물을 먹는 동물에게 유독하다. 따라서 곤충을 비롯한 초식동물은 식물에 든 중금속을 감지하고 적극적으로 기피할 테고, 어쩔 수 없이 먹게 된다면 중독될 것이다. 한 연구 결과 중금속 수치가 높은 식물 조직을 먹은 메뚜기는 생장과 발달이 심각하게 저하되었다고 한다.

하지만 모든 식물이 비용이 많이 드는 독극물을 생산하거나 방어에 사용할 목적으로 환경에서 중금속을 공짜로 얻는 사치를 누리지는 못한다. 대신, 초식동물에게 먹히지 않기 위한 방어가 물리적 수단이나 화학전의 형태가 아닌 다른 유기체와의 끈끈한 동맹을 통해 이루어지는 식물 종이 많다. 이미 1장에서 카너 블루 애벌레, 4장에서 양동이난초 이야기로 이 개념을 소개한 바 있는데, 두 경우 모두 경호원은 개미였다. 하지만 이들이 특수한 경우는 아니다. 개미는 수많은 식물과 협력한다. 양동이난초처럼 어떤 식물은 개미에게 살 집을 제공해 관계의 차원을 높인다. 집단 방어에 있어서 개미만큼 철저한 동물도 없을 것이다.

개미에게 도마티아(domatia, '집'을 부르는 전문 용어)를 제공하는 가장 익숙한 식물은 틸란드시아속(*Tillandsia*)에서 발견할 수 있다. 파인애플과의 이 멋진 착생식물은 영어로 공기식물(air plant)이라고 불리는데, 물과 양분을 비와 먼지에서 얻기 때문이다. 틸란드시아속의 약 13개 종이 모두 개미와 임대 계약을 맺었고, 세를 주려고 변경한 구조 덕분에 쉽게 인지할 수 있다. 이 식물의 잎을 자세히 들여다보면 돌돌 말려 구형의 기부로 이어지는 관을 형성한다. 잎 사이의 공간은 개미 군체에 완벽한 미기후를 제공하는 텅 빈 공간이다. 그 안에 얼마나 많은 개미가 들어갈 수 있는지 듣고 놀라지 말길. 무려 100~300마

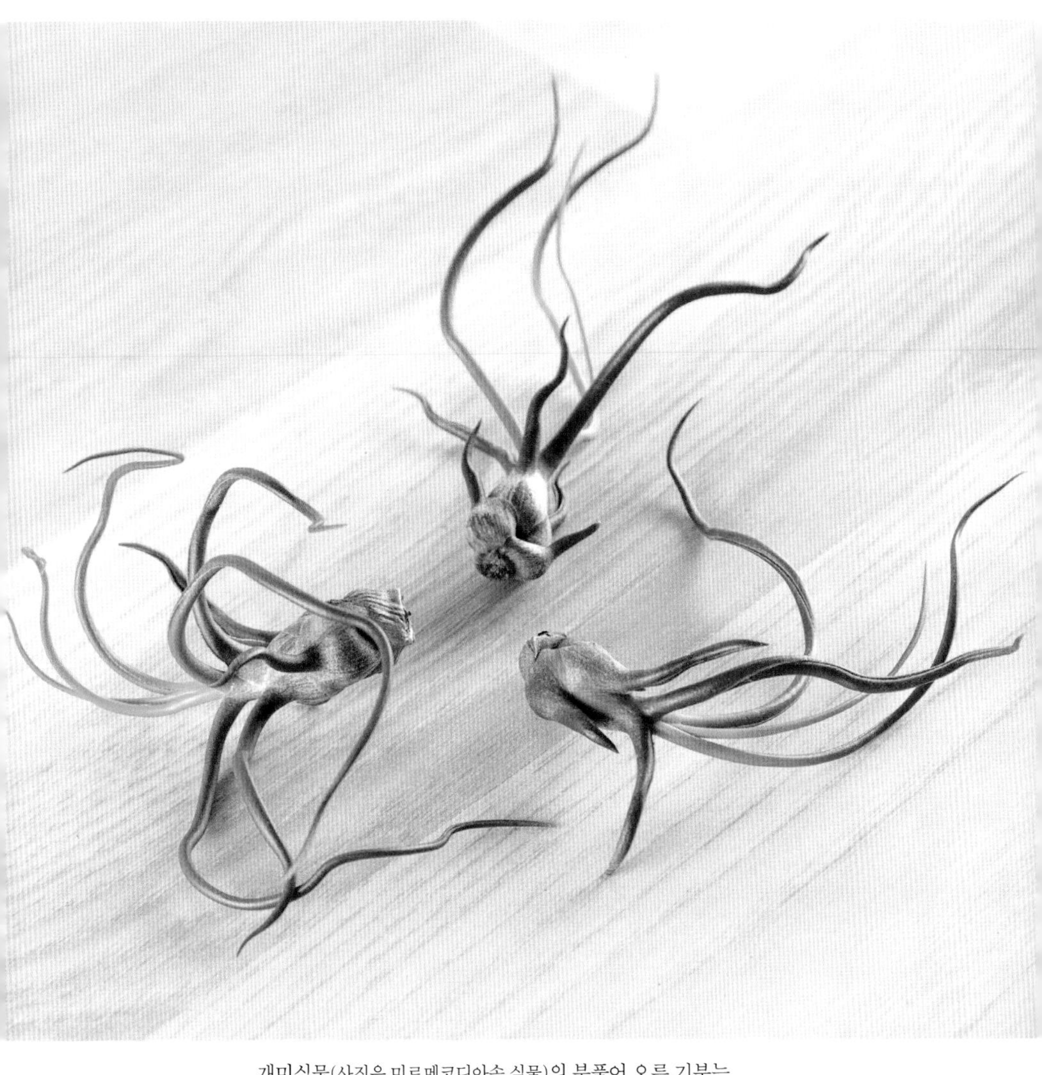

개미식물(사진은 미르메코디아속 식물)의 부풀어 오른 기부는
개미 군체가 거주할 수 있는 터널과 방으로 가득 차 있다.
개미는 그곳에 살면서 식물을 보호하고 영양분을 제공한다.

리의 개미가 보고된 바 있다. 개미 군체가 거주 중인 식물을 건드려 보면, 이 관계가 식물에 얼마나 유익한지 금세 알아챌 것이다.

어떤 식물은 이 관계의 해부학적 수준을 완전히 바꾸었다. 꼭두서닛과에 속하는 히드노피툼속(*Hydnophytum*)과 미르메코디아속(*Myrmecodia*) 식물은 개미에게 방 하나 세놓는 것에 그치지 않는다. 부풀어 오른 기부에 구불구불한 터널로 연결된 다수의 방이 개미 군체 전체를 수용한다. 이 식물의 단면을 보면 어려서 놀던 유리 상자 속 개미 농장의 이상적인 이미지와 같다. 그러나 개미 농장의 모습과 달리 개미식물이 제공하는 편의 시설은 꽤나 사치스럽다. 여기에서도 우리는 개미 군체가 각종 위협으로부터 식물을 방어하는 상황을 예상하지만, 개미식물은 동거인으로부터 훨씬 더 많은 것을 얻어 낸다.

두 속의 식물이 모두 다른 나무에 착생해서 사는데, 그 말은 영양분을 얻기가 어렵다는 뜻이다. 나무껍질은 광질의 토양만큼 영양분을 골고루 제공하지 않는다. 그러나 개미식물에게는 문젯거리가 아닌데, 개미 군체에서 필요한 영양소를 직접 추출하는 도구가 진화했기 때문이다. 개미는 깔끔을 떠는 동물이라 집을 깨끗하게 유지하기 위해 특별히 방 하나를 할애하여 폐기물을 처리한다. 그런데 그 폐기물 보관소의 벽을 들여다보면 밖으로 튀어나온 작은 돌기가 있다. 그 돌기가 작은 뿌리처럼 기능해 폐기물이 분해될 때 나오는 양분을 흡수한다. 그렇게 개미는 식물을 보호할 뿐만 아니라 훌륭한 비료를 제공하기도 한다.

개미와 식물이 제공하는 집의 관계가 개별 식물을 초월하는 경우가 있다. 아마존 분지에는 개미에게 집을 제공하는 대가로 숲 하층부를 완전히 장악한 나무들이 있다. 꼭두서니과의 두로이아속(*Duroia*), 야모란과의 토코카속(*Tococa*)과 클리데미아속(*Clidemia*) 식물이 그렇다. 이 식물들에 거주하는 개미 군체는 완벽에 가까운 방어술을 펼쳐 초식동물을 저지하는 한편, 거기서 그치지 않고 주변의 모든 경쟁 식물을 공격해 초토화한다. 오죽하면 현지에서는 이 나무가 우점하는 숲을 악마의 정원이라고 부른다. 지역의 부족민들 사이에서는 출라차키(Chullachaki)라는 악령이 머무는 안식처로 불리고 누구든 그 정원에 발을 들이면 공격과 저주를 받는다고 말한다. 하지만 실제로 이 정원을 꾸미는 것은 악령이 아닌 개미이다. 개미가 정찰 중에 숙주 식물의 묘목을 발견하면 아무 일도 일어나지 않는다. 그 묘목을 미래의 집으로 생장하게 내버려 두고 조용히 제 갈 길을 간다. 그러나 숙주가 아닌 다른 식물을 발견하면 행동이 돌변한다. 개미는 줄기를 물어뜯어 식물의 관다발을 노출시키고, 그 상처에 미량의 개미산을 주입한다. 묘목 한 그루를 죽이려면 한두 마리의 개미로는 어림없지만 개미의 강점 중 하나가 바로 머릿수 아닌가. 외래식물이 발견된 지 얼마 안 돼 전 개미 부대가 달려들어 이 식물을 물고 쏜다. 눈 깜짝할 사이에 새싹이 개미산 주입에 굴복하고 죽는다. 제집으로 써먹을 수 없는 식물이 발견될 때마다 이런 식으로 그 싹을 처치하여 거주자 개미는 경쟁하는 다른 어떤 식물도 근처에 발을 들이지 못하게 한다. 그렇게 악마의 정원이 탄생한다.

개미는 식물과의 방어적 상리공생의 예를 아주 많이 제공하지만 유일한 참가자는 아니다. 식물이 보유한 최고의 경호원은 인간의 맨눈으로 볼 수 없을 정도로 작다. 정원을 가꾸는 사람에게 '진드기'라는 단어는 곧 응애 같은 해충을 뜻하는 말이다. 하지만 진드기 입장에서는 억울한 선입견이다. 진드깃과에는 이로운 종도 아주 많다. 어떤 진드기는 미세한 생물의 세계에서 중요한 포식자로서 군림하며, 인간에게 해로운 다른 진드기 종을 처리하거나 질병을 일으키는 미생물과 곰팡이를 먹어 치운다. 해충을 먹는 이들의 식성이 어떤 식물에게는 아주 중요해서 루브라참나무, 설탕단풍, 세로티나벚나무, 포도를 비롯한 아주 많은 식물이 진드기에게 집까지 제공하며 받들어 모신다. 진드기 집은 식물의 잎에 만들어지고 보통 털이 깔린 작은 디보트(골프장의 잔디가 팬 곳-옮긴이)로 구성된다. 별다른 가구는 없지만 이 디보트는 진드기와 알의 중요한 피난처가 된다. 쓸모 있는 진드기에게 집을 제공하여 식물은 사냥꾼 겸 청소부를 확보하는 것이다. 포식성 진드기는 식탐이 많은 사냥꾼이라 작은 초식동물이 잎에서 활개를 치지 못하게 막고, 곰팡이를 먹는 진드기는 흰가루병과 같은 감염을 일으킨다고 알려진 해로운 균을 청소한다.

식물과 진드기의 상리공생은 아주 오래전에 시작된 것으로 양쪽 모두에게 이득이다. 최근 백악기 후반인 7500만 년 전으로 거슬러 가는 잎의 화석에서 진드기 집이 발견되기도 했다. 더 흥미로운 것은 이 잎의 화석이 한 종이 아니라는 점이다. 이는 식물과 진드기가 적어도 티라노사우루스 렉스가 배회하던 시절부터 협업을 해 왔다는 말이다. 미래에 발굴될 화석에서 그보다 훨씬 오래된 공생의 증거가 발견되리라 믿어 의심치 않는다.

내가 이 장에서 제공한 몇 가지 예를 통해, 식물은 무기력하지도 마냥 평화롭지도 않다는 확신을 얻었길 바란다. 생존을 위한 투쟁에서 식물은 진심이고 또 실력도 뛰어나다. 식물이 대강 4억 7000만 년 전에 처음 육지로 올라와 그 이후로 경관을 지배했다는 사실을 항상 기억할 필요가 있다. 움직일 수 없는 생물치고는 극도로 인상적인 능력이다. 인간에의 쓸모가 발견된 다음에야 식물의 다양한 생존 기작이 인정받는다는 것은 좀 부끄러운 일이다. 식물은 인간의 필요가 아닌 스스로 매일 맞닥뜨리는 수많은 압력에 반응해 진화했다. 게다가 식물 혼자서만 그런 것도 아니다. 다른 유기체와의 놀라울 정도로 다양한 상리공생이 진화했고 매년 더 많은 예가 발견된다.

그러나 식물과 살아 있는 세상과의 관계가 섹스, 경쟁, 방어에서 끝나지 않는다. 어떤 식물은 더 많은 노력을 기울여 제가 생장하고 번식하는 데 필요한 것을 얻는다. 뿌리에서 흡수하는 것 이상으로 식단을 확장하는 종도 있다. 동물을 사냥하고 잡아먹음으로써 '잡아먹거나 먹히거나' 게임의 판도를 바꾸는 식물이 전 세계에 존재한다. 바로 육식식물 이야기다. 파리지옥은 누구나 아는 식충식물이고 개중에 직접 길러 본 사람도 꽤 될 것이다. 그러나 대중문화에서 언급되는 소수의 육식식물은 식물계라는 기이한 빙하의 아주 작은 일각에 불과하다. 다음 장에서는 식물의 육식 세계가 얼마나 놀라운지를 살펴볼 것이다.

6장

동물을 잡아먹는 식물

식충식물과의 첫 경험은 끔찍했다. 가족 중 누군가 내가 파리지옥을 키우고 싶어 할 거라며 동네 종묘사에서 구해다가 선물해 준 것이 시작이었다. 처음에는 신이 나서 2주 동안 내내 그 식물에 빠져 있었다. 몇 시간이고 그 사악한 함정이 다시 열리기를 기다리며 지켜보았다. 안에 넣어 줄 개미나 벌레도 정성스레 잡았지만 우리의 인연은 그리 오래 가지 못했다. 안타깝지만 저 식물은 관리법이 동봉되지 않은 채 내게 왔고, 그때는 집에 인터넷이 설치되기 10년 전이라 검색도 할 수 없었다. 2주 후, 식물은 죽었다. 알고 보니 수돗물을 준 것이 원인이었다(파리지옥을 비롯한 많은 식충식물은 수돗물 속의 미네랄을 처리할 수 없다). 부주의하게 자꾸 함정을 건드린 것도 식물을 자극했을 것이다. 최근 몇 년 전부터 다시 파리지옥을 기르기 시작했는데 이번에는 훨씬 잘 해내고 있다.

내 다른 식물계 탐험과 마찬가지로, 나는 식충식물 재배의 요모조모를 즐겁게 배웠다. 잘 길러 보려고 그 식물에 대해 공부하다 보니 육식식물이라는 새로운 세상에 발을 들이게 되었다. 파리지옥이 여러 식충식물의 하나에 불과하다는 사실쯤이야 금세 알았다. 사실 이 세상은 굶주린 작은 식물로 가득 차 있다. 함정식, 끈끈이식은 물론이고 포획식, 미로식(통발), 흡입식, 심지어 투석기까지, 먹잇감을 포획하는 방식이 종 자체만큼이나 다양했다. 또한 먹잇감을 잡으려면 덫이 있는 곳으로 꾀어내야 하는데 여기에는 보통 꽃의 모방이 연관된다.

식물이 먹잇감을 포획하도록 진화한 방법 중에 가장 좋은 것은 함정을 꽃으로 가장하는 것이다. 육식식물은 화려한 색깔, 향기, 심지어 꽃꿀을 사용해서 먹잇감으로 하여금 스스로 끼니가 되는 것이 아니라 끼니를 얻고 있다고 생각하게 만들어야 한다. 심지어 어떤 육식식물은 자외선을 반사하는 특별한 세포로 함정을 뒤덮는다. 벌이나 파리 같은 곤충은 전자기 스펙트럼 중에서 자외선까지 볼 수 있다. 그래서 실제로 꽃은 자외선을 이용해 수분 매개자의 주의를 끄는 다양한 무늬를 창조한다. 이런 특별한 색소를 장착한 육식식물의 함정은 굉장히 유혹적이다. 우리 눈에 이 색소는 그저 푸른색으로 보이지만, 벌이나 파리의 눈에는 인간의 제한된 시력으로 인지하지 못하는 기이한 패턴을 드러낸다. 실험으로 이 색소를 가렸더니 곤충이 훨씬 덜 잡힌 것으로 보아 이 색소가 미끼로 기능한다는 가설이 한층 설득력을 얻었다. 그런 색소가 파리지옥의 잎 위나 많은 낭상엽 식충식물의 함정 입구에서 발견된다. 심지어 어떤 경우는 낭상엽 식충식물의 주머니 안에서 발견되는 액체에도 자외선에 반응하는 색소가 들어 있다.

미끼의 다양함은 둘째치고 식물의 육식성 자체도 진화의 특이한 사례는 아니다. 육식성은 10개의 식물 과에서 독립적으로 진화했다. 육식은 식물에게 성공적인 전략일 수 있다. 식물이 동물을 먹는다는 발상을 받아들이고 나면, 다음에 떠오르는 질문은 그 이유이다. 자연은 왜 육식하는 식물을 만들어 냈을까? 그 답은 식물이 자라는 환경에 있다. 육식식물은 세계의 다양한 서식지에서 유래했지만, 모두 질소나 인 같은 영양소를 구하기 어려운 척박한 땅에서 자란다는 공통분모가 있다. 육식식물이 동물을 먹는 이유는 결국 환경이 줄 수 없는 무기물을 얻기 위해서이다. 따라서 자연선택은 이 식물이 필요한 영양소를 다른 유기체에서 얻도록 채찍질해 왔다.

최근 과학계가 식물의 육식성이 식물의 방어 기작에서 진화했다는 흥미로운 결과를 내놓았다. 진화는 반드시 새로운 유전자나 대립형질이 만들어져야만 일어나는 것이 아니다. 기존에 유기체 안에 존재하는 유전자를 재도구화 해서 일어날 수도 있다. 식물로 하여금 동물을 포획하고 섭취하게 하는 형질의 일부는 방어 형질로 출발한 것처럼 보인다. 그 원리를 이해하기 위해 이번에는 파리지옥을 다른 관점으로 살펴보자.

당연한 일이지만 파리지옥 게놈은 한동안 학계의 관심을 받았다. 하지만 여러 해에 걸친 철저한 실험과 분석에도 불구하고 육식을 일으키는 유전자가 발견되지 않았고, 그러다 보니 이 식물의 육식성에는 유전적 기반이 없는 것처럼 보였다. 그러다가 한 연구팀이 유전자 활성의 화학 지표를 분석하면서 돌파구가 마련되었다. 이는 유기체가 환경에 반응할 때 분자 수준에서 어떤 일이 일어나는지 명확한 그림을 얻는 방식이다. 파리지옥이 끼니를 포획할 때 어떤 유전자가 활성화되는지 알아보기 위해 과학자들은 당연한 실험을 했다. 식물에게 밥을 준 것이다.

밥이 들어가면 잠재적 육식성 유전자가 켜지리라 예상했던 연구팀은 뜻밖에 파리지옥이 다른 식물에서 방어용으로 사용되는 유전자를 재정비하여 육식에 사용했음을 알게 되었다. 곤충이 갇히면서 함정이 자극되자 키틴 분해 효소를 생산하는 유전자가 최대로 발현되었

파리지옥의 '입'은 크게 변형된 잎이다.

다. 비육식 식물에서 키틴 분해 효소는 보통 곰팡이에 감염되었을 때 생산된다. 곰팡이의 세포막을 형성하는 중합체인 키틴이 공교롭게도 곤충의 외골격도 구성한다. 키틴 분해 효소는 특별히 키틴 분자를 타깃으로 삼아 분해하는 효소이다. 따라서 곤충을 소화하는 능력은 원래 식물이 곰팡이에 대항하는 능력에서 기원했다고 추정할 수 있다. 이는 파리지옥에만 해당하는 사항이 아니다. 다양한 낭상엽 식충식물과 끈끈이주걱에서도 비슷한 결과가 나왔다. 곤충을 섭취하는 데 관여하는 유전자는 모두 원래 곰팡이의 공격을 막는 유전자였던 것을 재도구화 한 것으로 보인다.

식물이 다른 유기체를 포획하고 섭취하는 방식에는 끝이 없는 것 같다. 가장 간단한 방법이 구덩이에 빠뜨리는 함정이다. 함정은 3장에서 본 세로페지아속 식물의 꽃과 비슷한 방식으로 작동한다. 과에 상관없이 낭상엽 식충식물의 포충낭은 모두 잎이 변형되어 만들어졌다. 잎이 발달하는 과정에 모양이 변하여 액체가 채워진 깊은 주머니가 된 것이다. 동물은 보통 밝은 색깔, 애를 태우는 향기, 심지어 식물의 꼭대기나 잎에서 만드는 달콤한 꽃꿀에 이끌려 다가온다. 포충낭 입구는 미끌거리기 때문에 방문자가 제대로 발을 딛고 있기가 힘들다. 그러다가 포충낭 속으로 떨어지면 미끄러운 벽이나 아래쪽으로 누운 털 때문에 탈출이 불가능하다. 희생자는 주머니 안에서 분투하다가 끝내 익사한 후 소화된다.

놀랍게도 4개의 식물 과에서 주머니형 함정이 진화했다. 북아메리카와 남아메리카에는 사라세니아과의 낭상엽 식물이 있고, 동남아시아, 오스트레일리아, 그리고 많은 태평양 섬에서는 벌레잡이풀과의 벌레잡이속 식물이 자생한다. 세팔로투스과의 유일한 종이자 오스트레일리아 고유종인 괴짜도 있다. 마지막으로 파인애플과에도 소수의 육식식물이 있다. 각 과의 식물은 각각 책 한 권의 가치가 있고 우리에게 함정 전략이 얼마나 효과적인지 증명한다.

파인애플과에 육식식물이 있다는 사실은 흥미롭다. 결국 모두 파인애플의 친척인데 말이다. 그러나 이 과의 많은 종이 물과 양분을 얻기 힘든 나무나 바위에 붙어 자라도록 진화했다. 파인애플과 식물 중에서도 탱크 브로멜리아드(tank bromeliad)라고 부르는 부류는 잎 한가운데에 그릇처럼 생긴 물탱크를 형성해 물 부족을 해결한다. 그 안에 꽤 많은 양의 물이 채워지므로 물을 구하는 것은 그리 어렵지 않지만, 생장하고 번식하는 데 필요한 양분을 얻는 것은 또 다른 문제이다. 많은 탱크 브로멜리아드가 저수조 속 잔해를 분해해 질소나 인 같은 필수 영양소를 제공받는다. 그러나 적어도 브로키니아속(*Brocchinia*)의 두 브로멜리아드는 자신의 생사를 우연에 맡기지 않는다.

탱크 브로멜리아드는 어느 지역에서 자라든 인근 동물에게 작은 오아시스를 제공한다. 곤충부터 원숭이까지 많은 동물이 찾아와 저수조에 보관된 물을 마신다. 원숭이 같은 큰 동물은 도움이 되지 못하지만 곤충의 방문은 식물 쪽에서도 반길 만하다. 브로키니아속 식물의 잎은 바큇살처럼 펼쳐지는 대신 수직으로 길게 자란다. 내 눈에는 잎을 겹겹이 감싸서 만든 시험관처럼 보인다. 제일 안쪽의 잎은 표면이 번들거리는 왁스 칠이 되어 있다. 심지어 잎 끝에서 달콤한 분비물을 분비해 먹잇감을 꼬시기까지 한다. 어리숙한 곤충이 속임수에 넘어가 근처에 갔다가는 미끄러운 잎이 둘러싸서 만든, 높고 속이 빈 기둥 속 액체로 떨어질 수밖에 없다. 일단 액체에 빠지면 게임은 끝이다. 곤충은 물에 빠져 죽고 소화 효소가 영양소를 추출한다.

브로키니아는 식물이 함정을 이용해 동물을 포획하는 가장 기본적인 예이다. 좀 더 변형되고 복잡한 예도 있다. 이를테면 북아메리카에 서식하는 저온 내한성 낭상엽 식물인 사라세니아 푸르푸레아(*Sarracenia purpurea*)가 있다. 이 식물의 주머니를 보면 잠재적 살상력에 놀랄 수밖에 없다. 그 함정에 빠진 불운한 존재는 누구든 절대 살아서 밖으로 나갈 수 없을 것만 같다. 그러나 실제로 포충낭 안쪽을 조사하면 뜻밖에도 그 안에 살아 있는 생명체가 우글거린다. 미생물은 물론이고 소수의 무척추동물까지 그 소화액 안에서 문제없이 지낸다. 어떻게 된 일일까? 이 생물은 포충낭 속 소화액에 면역이 된 것일까? 아니면 그 안에서 뭔가 다른 일이 일어나는 걸까?

먼저 말하자면, 사라세니아 푸르푸레아가 생산하는 소화 효소의 역할은 과장된 부분이 있다. 이 식물의 소화력은 나이와 상관이 있다. 소화 효소는 주로 어린 식물이 생산하고 나이가 들수록 효소를 덜 만든다. 식물이 성숙하면서 포충낭이 덜 적대적인 환경으로 바뀌면 다양한 생물이 그 물에서 터를 잡으며 작지만 복잡한 군집이 발달한다. 이 군집을 '기거 공생체'라고 부른다. 기거 공생동물이란 다른 생물의 거주지 안이나 주변에 사는 동물을 말한다. 두 동물은 기생 또는 상리 공생의 관계를 유지하는데, 사라세니아 푸르푸레아 포충낭 안에서는 두 종류가 모두 발견된다. 세균과 해조류가 가장 풍부하며, 그 덕분에 먹이사슬의 위쪽에 있는 생물도 그 안에서 살 수 있다. 윤충류나 각다귀 유충이 포충낭 속으로 들어가 미생물을 먹고 자란다.

더 오래된 포충낭에서는 가장 전문화된 기거 공생체가 발견된다. 사라세니아모기(*Wyeomyia smithii*)의 유충이다. 이 모기는 사라세니아 푸르푸레아의 포충낭에서만 번식한다. 이 모기 유충은 포충낭 속 군집의 최상위 포식자로서, 의도적으로 또는 의도치 않게 주머니 속으로 들어오게 된 다른 생물을 잡아먹는다. 이 식물이 모기의 온상이라는 생각에 기겁하기 전에 사라세니아모기 성충은 인간의 피를 빨지

낭상엽 육식식물인 사라세니아 푸르푸레아는 영양소가 부족한 습지에 살면서
대단히 전문적인 공생체의 도움으로 곤충을 가두고 영양을 채운다.

않는 사실을 알린다. 대신 이 모기는 꽃꿀을 먹고 습지에 사는 다른 식물의 꽃가루를 옮긴다.

그러면 사라세니아 푸르푸레아는 이 생물들에게 집을 빌려준 대가로 무엇을 받을까? 자기가 직접 곤충을 잡아 소화하는 대신, 이 식충식물은 유기물을 분해해 유용한 영양소로 전환하는 일을 포충낭 속 세균과 무척추동물에게 맡긴다. 모기 유충, 윤충류, 그 밖의 유기물을 먹는 생물의 배설물이 식물에게 양분이 된다. 포충낭에 기거하는 동물 군집이 식물에게 필요한 영양소를 충분히 제공하기 시작하면 식물은 소화 효소 생산을 멈추고 대신 그 에너지를 생장과 생식에 사용한다. 그러나 이 시스템을 파괴하는 생물이 있다. 어떤 쉬파리 유충은 포충낭 안에서 번데기가 될 때까지 잘 먹고 잘 지내다가 배은망덕하게도 성충이 되면 포충낭 벽에 구멍을 뚫고 탈출하는데, 그렇게 되면 그 안에서 다른 모든 생명체를 부양하던 생태계의 물이 빠져 버리고 만다. 그런 게 자연이다.

모든 낭상엽 식충식물이 뭐든 닥치는 대로 먹고 살지는 않는다. 훨씬 까다롭고 치명적인 식성을 가진 식충식물도 있다. 동남아시아의 벌레잡이풀인 네펜테스 알보마르기나타(*Nepenthes albomarginata*)를 보자. 이 종은 흰개미를 즐겨 먹으며, 이 악명 높은 초식동물을 놀라운 방식으로 밥상에 올린다. 파리나 개미와 달리 흰개미는 달콤한 꽃꿀에 반응을 보이지 않으므로 웬만해서 유혹하기 어려운 곤충이다. 그러나 이 벌레잡이풀은 자신을 미끼로 삼지 않으면서도 흰개미를 꼬여내는 방법을 찾아냈다.

흰색 가장자리라는 뜻의 '알보마르기나타'란 말이 알려주듯이, 이 식물은 포충낭 입구를 흰색 띠가 두르고 있다. 그 둥근 고리는 조밀한 모용(trichome, 털 모양의 조직)이 덮고 있는데 그것이 바로 흰개미를 잡는 미끼이다. 흰개미는 이 음식을 거부하지 못한다. 정찰병이 신선한 모용이 있는 포충낭을 발견하면 식사 종이 울리고, 흰개미들이 떼 지어 식물로 모인다. 많은 흰개미가 공짜로 음식을 갖고 도망치지만 실수로 포충낭 속에 떨어지는 놈들도 제법 된다. 이 일이 하룻저녁에 일어난다. 흰 고리를 모두 떼어 내고 나면 흰개미는 관심을 잃고 돌아서고, 그때쯤이면 식물도 배를 채운 후이다. 기이한 곤충의 사회 구조 때문에 몇 마리쯤 식물에게 먹힌다고 해도 집단에 크게 문제 되지 않는다. 따라서 식물은 이 극도로 까다로운 식단을 계속 유지할 수 있다.

이 벌레잡이풀의 식성이 희한하다고? 그건 아직 똥을 먹는 벌레잡이풀을 못 봐서 하는 소리다. 대변만 먹고 사는 적어도 두 종의 전문종이 보르네오섬에 있다고 알려져 있다. 첫 번째 종은 네펜테스 로비이(*Nepenthes lowii*)이다. 이 식물은 대변을 먹고 살 뿐 아니라 잎 끝에 매달린 화려한 주머니의 모양이 흡사 양변기를 닮았다. 이 주머니는 입구가 넓고 호리병처럼 허리가 잘록하게 들어간 모양이다. 곤충을 잡아먹는 벌레잡이풀과 달리 이 주머니의 벽은 전혀 미끄럽지 않으므로 곤충이 빠졌다가도 다시 기어 나올 수 있다. 실제로 이 주머니에 포획되는 곤충의 비율은 극도로 낮다. 이 식물이 번식에 성공한 열쇠는 주머니 입구 뒤쪽에 달린 뚜껑에 있다. 주머니가 발달하면서 덮개가 뒤로 휘어지는데, 이때 노출된 부분을 덮고 있는 짧고 빳빳한 털은 냄새가 지독한 흰색의 끈적한 물질을 분비한다. 이 물질의 맛은 달다.

이 끈적한 흰색 물질을 같은 산속에 사는 토종 나무뒤쥐 한 종이 유난히 좋아한다. 뒤쥐가 이 물질을 핥아먹으려고 모여드는 것이 관찰되었다. 이 간식을 먹으려면 뒤쥐의 엉덩이가 주머니 입구 바로 위에 오도록 자세를 잡아야 하는데, 주머니 구조를 조사해 보니 나무뒤쥐가 입구 위에 앉는 자세에 딱 들어맞았다. 뒤쥐는 간식을 먹으며 주

네펜테스 알보마르기나타의 포충낭 가장자리를 두른 하얀색 띠는
흰개미에게 극도로 유혹적이다.

머니에 똥을 싼다. 그리고 놀랍게도 나무뒤쥐의 똥이 이 식물에게 필요한 질소를 대부분 제공하고 있었다.

보르네오섬에서 네펜테스 헴슬레이아나(*Nepenthes hemsleyana*)라고 알려진 또 다른 벌레잡이풀이 발견되었다. 이 종도 다른 근연종처럼 덩굴성이라 이웃의 튼튼한 줄기를 감고 나무의 상층부까지 올라가는데, 같은 식물 안에서도 땅 가까이에 있는 하층부 포충낭과 위쪽의 상층부 포충낭이 서로 크게 다르다. 하층부 포충낭은 곤충을 전문적으로 잡아먹는 식충식물에게서 흔히 나타나는 형태로서, 냄새가 나고 벽이 미끄러우며 안쪽은 점성의 소화액이 들어 있다. 반면 상층부에서 만들어진 포충낭은 주머니 입구가 더 좁고 냄새가 덜 나며 소화액도 덜 분비된다. 또한 곤충 포획률이 7배는 더 적다. 게다가 이 포충낭에는 뒤쪽 벽에 위성 안테나처럼 생긴 뚜렷한 구조물이 있다. 이렇게 위쪽 포충낭이 아래쪽과 다른 이유는 이곳에서 포충낭이 하드윅양털박쥐의 쉼터를 제공하기 때문이다.

위쪽 포충낭의 입구가 좁고 소화액의 분비량이 적은 이유는 자칫 박쥐가 그 안에 떨어져 먹잇감이 되지 않게 하려는 것이다. 쉼터를 사용하는 대가로, 박쥐는 포충낭 위에 앉아 쉬는 동안 주기적으로 변을 본다. 그 변이 박쥐가 곤충을 먹고 소화한 풍부한 질소를 식물에게 제공한다. 또한 박쥐는 주변의 다른 벌레잡이풀보다 네펜테스 헴슬레이아나의 포충낭에 앉을 가능성이 더 큰데, 지금까지 박쥐가 반향정위에 사용한다고 알려진 소리 중 가장 높은 주파수의 음파를 이 박쥐가 내기 때문이다. 이 높은 주파수는 네펜테스 헴슬레이아나의 포충낭이 만든 위성 안테나에 박쥐가 적응했을 가능성이 크다. 연구에 따르면 이 안테나는 박쥐의 음파 진동수에 강하게 반향하므로, 보르네오섬 밀림에서 박쥐가 제 포충낭을 잘 찾도록 돕는다.

함정은 흥미로운 식물학적 구조물이지만, 먹이 포획의 시작 단계에서 전적으로 중력에 의존한다. 반면 끈끈이 방식은 마실 것을 주겠노라 먹잇감을 꾄 다음 끈적이는 점액으로 옴짝달싹 못 하게 만들어 한 차원 높은 기술력을 선보인다. 이런 방식을 채택한 식물 중에 가장 유명한 예로 끈끈이귀개속(*Drosera*) 식물이 있다. 종마다 잎의 형태는 다양하지만 빼곡히 돋아난 선모 끝에서 끈적거리는 점액질을 분비한다는 공통점이 있다. 덕분에 잎에 새벽이슬이 맺힌 것처럼 보인다. 또한 많은 끈끈이귀개 종이 잎을 움직인다는 점에서 벌레잡이풀과 다르다. 손발이 묶인 곤충이 탈출하려고 발버둥치면 주변의 분비샘을 더 건들면서 잎이 오므라든다. 어떤 종에서는 결국 잎 전체가 곤충을 감싼 다음 점액으로 질식시키고 소화 효소를 추출해 섭취한다.

이 식물의 잎이 그렇게 빠르게 움직이는 이유는 아직 완전히 밝혀지지 않았지만, 지금까지 알아낸 내용도 쉽지는 않다. 분비샘이 곤충의 움직임을 감지하면 모선을 통해 화학 신호가 전달되면서 연쇄적인 화학 반응이 일어난다. 먼저 호르몬인 옥신이 세포 안의 수소 양이온을 세포벽으로 펌프질한다. 그러면 세포벽이 산화되면서 견고했던 구조가 느슨해진다. 동시에 익스팬신이라는 단백질이 일부 세포로만 흘러 들어가 세포들의 상대적인 크기가 달라진다. 이런 세포의 크기와 견고함의 변화 때문에 잎이 안쪽으로 굽으면서 버둥대는 곤충을 가둔다.

끈적거리는 물질을 이용한 포획 방식은 끈끈이귀개 말고도 많은 식물에서 발견된다. 또 다른 흥미로운 예가 남아프리카에서 보고되었다. 로리둘라속(*Roridula*)에는 두 종이 있다. 땅바닥에 붙어서 평평하

끈끈이귀개의 끈적한 잎에 순진한 먹잇감이 걸려든다.

게 펼쳐나는 끈끈이귀개와 달리, 로리둘라속 식물은 수직으로 꼿꼿이 서서 가지를 치고 끈적거리는 분비샘이 뒤덮은 송곳 모양의 잎이 난다. 이는 파리, 나방, 말벌 같은 큰 먹잇감을 포획할 정도의 크기다. 한 가지 신기한 것은 이 식물이 소화액을 분비하지 않는다는 점이다. 마치 곤충을 잡기만 하고 먹을 생각이 없는 것처럼 보인다. 이런 행동에는 분명 다른 적응적 혜택이 있을 것으로 추정되었는데, 연구 결과 실제로 특별한 곤충의 도움을 받는다는 것이 밝혀졌다.

이 식물에는 끈적한 잎에 들러붙지 않도록 온몸이 특별한 왁스로 덮인 작은 벌레가 산다. 장님노린재과의 이 벌레는 끈적거리는 잎 주위를 아무렇지 않게 다니며 덫에 걸린 곤충을 찾는다. 희생자가 발견되면 빨대주둥이로 몸을 찌른 다음 남김없이 알뜰하게 빨아 먹는다. 그리고 식사 중에 식물 위에 배설하는데, 바로 이 배설물이 식물에게 생존에 필요한 영양소를 공급한다. 자체적으로 곤충을 소화할 수 없으니 장님노린재 똥을 통해 양분을 흡수하는 것이다. 곤충에게 숙식을 제공하고 그 대가로 질소가 풍부한 끼니를 얻는 전략이다.

벌레잡이제비꽃속(*Pinguicula*) 식물은 끈끈이를 이용하는 식충식물 중에 내가 제일 좋아하는 식물이다. 영어권에서 부르는 버터워트(butterwort)라는 일반명이 우스꽝스럽게 보일지 모르지만, 실제로 이 식물은 버터를 바른 모습을 띠고 있다. '핀구이쿨라'라는 속명도 '작고 기름진 것'이라는 뜻이다. 벌레잡이제비꽃은 전 세계 어디서나 발견되지만 멕시코에 자생하는 반(半)열대성 종이 가장 흔하다. 끈끈이귀개처럼 대부분의 벌레잡이제비꽃은 바닥에 깔린 소형의 로제트를 형성한다. 얼핏 육식식물이 아닌 다육식물 같지만 육질의 잎을 자세히 들여다보면 끈끈한 분비샘이 덮고 있다. 잎은 끈끈이귀개처럼 크게 움직이지 못해도 먹잇감이 포획되면 일부 종은 잎 가장자리가 안쪽으로 말려들어가 소화액이 먹이 가까이 모이게 한다. 멕시코벌레잡이제비꽃을 몇 포기 심어 보니 이 식물의 끈적한 함정이 큰 곤충에는 별로 소용이 없었다. 가끔 나방처럼 큰 곤충도 날개가 들러붙어 꼼짝 못 할 때가 있긴 했지만, 대체로 작은뿌리파리나 톡토기 같은 더 작은 동물이 주된 메뉴였다. 한마디로 조금씩 많이 먹는 유형이라 할 수 있다. 실제로 벌레잡이제비꽃에 작은뿌리파리와 다른 작은 벌레들이 마치 후추를 뿌려 놓은 것처럼 들러붙어 있는 것을 보기도 했다.

흥미롭게도 어떤 벌레잡이제비꽃은 곤충 말고 식물도 먹는다. 이런 종의 식단에는 식물성 재료가 차지하는 비율도 높다. 벌레잡이제비꽃이 자라는 지역은 종종 소나무처럼 바람이 수분하는 식물이 우점하는데, 이 나무들이 번식기에 들어서면 상상을 초월할 정도로 많은 꽃가루를 방출하여 마치 화산재처럼 사방을 뒤덮는다. 그 지역에 사는 벌레잡이제비꽃도 꽃가루를 뒤집어쓴다. 꽃가루는 고단백질 식품이고 다행히 많은 벌레잡이제비꽃 종이 곤충에 더하여 꽃가루도 소화할 수 있다. 꽃가루로 보충하는 영양이 이 식물의 생장과 번식에 매우 유용하다는 연구 결과도 있다. 그렇다면 벌레잡이제비꽃을 육식이 아닌 잡식 식물이라고 불러야 할까? 답을 내리기 전에 식단을 확장한 또 다른 육식식물을 살펴보자.

통발속(*Utricularia*) 식물은 방대한 육식식물 분류군이다. 남극을 제외한 모든 대륙에 약 230종이 퍼져 있다. 이 식물의 습성을 일반화할 수는 없지만, 북반구에 사는 이들에게 가장 친숙한 통발속 식물은 고요한 담수에 떠서 사는 수생 종이다. 하지만 크기만 보고 무시하면 안 된다. 통발의 덫은 치명적이다. 덫은 작은 뚜껑이 덮고 있는 속이 빈 주머니인데, 누군가 가까이 다가가 털을 잘못 건드리면 뚜껑이 덜

벌레잡이제비꽃의 끈적한 잎은 작은 먹잇감을 포획하는 데 탁월하다.

컥 열리면서 순식간에 이 불운의 먹잇감을 빨아들인다. 그 동작이 어찌나 빠른지 초고속 카메라로 촬영해야만 볼 수 있다. 일단 뚜껑이 닫히면 탈출은 불가능하다. 그 안에서 식물은 먹잇감을 소화해 먹는다. 보통 작은 무척추동물과 어린 물고기가 잡히지만, 동물만 갇히는 것은 아니다. 수생 통발의 흡입성 덫에는 식물성 물질이 상당량 포획되는데 그 대부분은 단세포 조류이다.

덫에 갇힌 조류가 그 안에서 분해되는 것으로 보아 이 식물이 조류를 능동적으로 소화하는 것은 확실하다. 그러나 조류를 소화하여 얻는 영양학적 이점에 관한 견해는 양분된다. 어떤 연구는 함정에 갇힌 조류를 분해해서 얻는 것이 없다는 결과를 보인 반면, 반대 결과가 나온 연구도 있다. 이에 대해서는 여러 견해가 있는데, 어쩌면 조류를 분해하여 얻는 이익은 수생 통발이 자라는 서식지에 따라 다를지도 모른다. 산성이 강한 물에 사는 식물이 중성이나 알칼리성 물에 사는 식물보다 조류를 더 많이 포획했다. 여기에는 페하(pH)가 핵심인 것 같다. 수치로 보았을 때 산성물에는 식물성인 조류에 비해 동물성 플랑크톤이 훨씬 적다. 즉 애초에 조류가 통발의 덫에 들어갈 가능성이 더 크다는 말이다. 동물성 플랑크톤이 많지 않은 서식지에서는 조류를 소화하는 것이 더 이득일지도 모른다.

완전히 확실한 것은 아니지만, 통발은 서식지마다 다른 전략을 사용한다. 식단 변화의 더 확실한 예를 들기 위해, 동남아시아로 가 보자. 이곳엔 채소 식단에 진심인 벌레잡이풀이 있다. 네펜테스 암풀라리아(*Nepenthes ampullaria*)는 분포 영역이 다소 넓은 종인데, 여러 면에서 다른 육식성 사촌과는 차별된다. 우선 포충낭의 모양부터 남다르다. 작은 항아리처럼 생긴 포충낭이 정글 바닥에 무리 지어 앉아 있다. 다른 벌레잡이풀속 식물과 다르게 이 포충낭에는 꿀샘이 없고 뚜껑도

네펜테스 암풀라리아의 개방된 포충낭은 위에서 떨어지는 낙엽을 모으는 데 유리하다.
이 식물이 사용하는 영양소가 모두 그 낙엽에서 온다.

흔적만 남아 있다. 또한 대부분 벌레잡이풀속 식물의 포충낭 안쪽에 발라진 미끄러운 왁스 칠이 부재한다. 이런 특징이 모두 이 종이 생존에 필요한 영양소를 얻기 위해 독특하게 진화한 방식을 가리킨다.

네펜테스 암풀라리아는 곤충을 포획하거나 소화하지 않는다. 대신 숲 지붕에서 떨어지는 낙엽에 제 영양학적 필요를 의존한다. 덮개가 없는 큰 항아리 형태에 모여 나는 습성으로 인해 포충낭은 그 안에 상당량의 낙엽을 모은다. 이 식물은 벌레잡이풀속치고 오래 사는데, 6개월 이상 지속하면서 수많은 다른 생물에게 훌륭한 미소 서식 환경을 제공한다. 포충낭 속에서 수생 생태계를 운영했던 사라세니아 푸르푸레아처럼, 이 낙엽에서 영양소를 추출하는 것도 기거 공생동물이다.

과학자들은 미생물은 말할 것도 없고 포충낭에 서식하는 종을 60가지 이상 찾아 식별했다. 심지어 육지 게와 세상에서 가장 작은 개구리 유생도 목록에 포함되었다. 포충낭에 더 많은 생물을 초대하기 위해서, 네펜테스 암풀라리아는 적극적으로 산도를 조절해 포충낭 내부의 액체가 다른 종보다 산성을 약하게 유지하게끔 한다. 그 다음 포충낭에 기거하는 생물이 낙엽을 분해할 때 질소 폐기물을 방출하면, 그걸 흡수하여 활용한다. 이 질소는 동물이 내보낸 것이지만 그 기원은 주변 식물의 낙엽이다. 굉장히 놀라운 일이 아닐 수 없다.

함정식, 흡입식, 포획식, 끈끈이식이 모두 식물이 먹잇감을 잡고 섭취하게 진화한 놀라운 적응 형질이다. 그렇다면 내가 이 장을 시작하면서 언급한 통발(미로식) 방식은 또 어떨까(앞에서 나온 통발속 식물은 한글 일반명이 통발일 뿐, 사냥 방식은 흡입식에 해당한다–옮긴이)? 통발은 분명 식물의 구조를 기술하기에 적절하지 않은 단어처럼 들린다.

통발이란 바닷가재 같은 갑각류를 잡을 때 사용하는 도구로, 디자인은 놀라울 정도로 간단하다. 철사로 틀을 만들고 망사로 두른 어망을 생각하면 된다. 한쪽 끝에 깔때기처럼 생긴 작은 입구가 있어서 가재나 물고기가 어망 안으로 들어간다. 깔때기 구조는 나가는 구멍이 들어오는 구멍보다 훨씬 작기 때문에 일단 들어오면 탈출하기는 힘들다. 놀랍게도 서로 근연관계가 아닌 두 육식식물이 이와 유사한 방법으로 끼니를 구한다.

한 종은 북아메리카 동남부 해안가 평야지대에서 계절적으로 범람하는 숲속에 자생하는 고유식물로, 앵무새사라세니아(*Sarracenia psittacina*)라고 불리는 낭상엽 식물이다. 내가 보기에 이 종은 사라세니아속 식물 중에서도 가장 특이하다. 수직으로 서 있는 커다란 포충낭 대신 지면을 따라 작은 포충낭이 로제트 모양으로 가늘고 길게 펼쳐졌다. 덧붙여 포충낭을 덮는 잎이 길게 자라 반투명한 반점이 있는 돔 형태를 이루고, 끝이 곡선을 이루며 휘어져서 앵무새사라니아라는 이름이 붙었다. 마지막으로 길고 가는 포충낭의 배 쪽으로 물고기의 등지느러미처럼 생긴 '알라(ala)'라는 잎이 붙어 있다.

이러한 독특한 외형은 매년 찾아오는 홍수기에 대해 적응한 결과로, 이 종이 먹잇감을 잡는 방식을 바꾸어 놓았다. 제 친척과는 다르게 앵무새사라세니아의 포충낭은 단순한 함정이 아니다. 밝고 선명한 색채에 이끌려 온 곤충들이 꽃꿀 가득한 꽃을 찾았다고 생각하며 서서히 함정을 탐험하기 시작하면 이윽고 지느러미 형태의 알라가 순진한 희생자를 포충낭 입구로 안내한다. 돔 형태의 덮개에 있는 반투명한 얼룩은 여러 개의 탈출로가 있다는 인상을 주기 때문에 방문객은 의심하지 않고 안으로 들어간다. 그러나 일단 안에 들어간 손님은 혼돈에 빠져 쉽사리 진짜 탈출구를 찾지 못한다. 게다가 안쪽으로 뉘어

앵무새사라세니아의 포충낭은 땅바닥에 깔리듯 누워 있고,
육지나 물속에서 모두 먹잇감을 잡을 수 있다는 점에서 독특하다.

진 내벽의 털 때문에 안으로 들어가면 갈수록 다시 나오는 것은 불가능하다. 결국 곤충은 소화 효소에 의해 몸이 녹아내리고 식물은 또 한 번 영양가 풍부한 식사를 즐긴다. 앵무새사라세니아의 특징은 그뿐이 아니다. 주기적인 범람으로 이 식물은 물속에 잠길 때가 있는데, 이는 대부분의 다른 낭상엽 식물에게는 반갑지 않은 상황이다. 포충낭이 수직으로 서 있기 때문에 먹잇감이 포충낭에 들어오더라도 물에 떠서 나가 버리면 그만이기 때문이다. 그러나 포충낭이 누워 있는 앵무새사라세니아에게는 문제 될 것이 없다. 오히려 물속에서 이 포충낭은 어부의 통발이 되어 수생 곤충부터 올챙이나 어린 물고기까지, 많은 수생생물이 이 식물의 먹잇감이 된다. 홍수조차 이 독특한 낭상엽 식물로부터 식사할 권리를 빼앗지 못하는 것이다.

식물학적 통발의 다른 예는 아프리카의 남쪽에서 찾을 수 있다. 영어로 타래송곳식물(corkscrew plant)이라고 불리는 겐리세아속(*Genlisea*) 식물이다. 이 속을 구성하는 약 30종의 식물이 모두 크기가 작고, 모래질의 포화 토양 바로 위에 작은 잎을 피운다. 꽃은 정교한 형태이고 색이 강렬하며 앞에서 말한 통발속 식물과 근연관계가 있다. 카리스마 넘치는 여타 식충식물들과는 달리, 이 식물이 고기를 먹는 장면은 지상에서 관찰할 수 없다. 이 식물의 육식성 라이프스타일을 그림으로 완성하려면 땅 위가 아니라 땅 밑을 봐야 한다.

겐리세아속 식물에는 뿌리가 없다. 대신 아주 기괴하게 변형된 잎이 토양에 말뚝을 박는다. 이 잎에는 엽록소가 없고 잎처럼 보이지도 않는다. 대신 포화된 토양 속에 마치 코르크 병따개처럼 나선형을 그리며 파고들어 가는 텅 빈 원통을 이룬다. 이 지하 잎에는 길이를 따라 수평으로 길고 좁게 난 입구가 있다. 통발에서처럼 동물은 이 입구로 쉽게 들어올 수 있다. 그러나 일단 발을 들이면 운명을 받아들이고 계속 앞으로 가는 수밖에 없다. 함정의 끝에는 산소가 거의 없으므로 마침내 질식해서 죽고 그 안에서 소화가 된다. 예상했겠지만, 겐리세아속 식물은 원생동물이나 지렁이처럼 흙에 사는 작은 생물들로 식단을 구성한다. 이 식물이 어떻게 먹잇감을 끌어오는지는 아직 완전히 밝혀지지 않았다. 원통형 잎에서 화학적 유인제로 볼 수 있는 물질이 발견되었지만 아직은 추정에 불과하다. 하지만 나는 이 변형된 잎이 뿌리를 대신하여 땅에 닻을 내리고, 생존에 필요한 모든 영양소와 물을 제공해 왔다는 사실에 매우 놀랐다.

지금쯤 육식식물이 식물의 세계에서도 가장 멋진 부류에 속한다는 확신이 섰기를 바란다. 동물을 먹는 식물에게는 색다른 아름다움이 있다. 마치 동물계의 안일함에 질린 진화가 판세를 뒤엎으려고 이들을 내세운 것 같다. 물론 진화는 의도를 가진 주체가 아니고 그저 당장 주어진 것들로 할 수 있는 일을 할 뿐이다. 식물은 방어 유전자를 개편하여 먹잇감을 잡고 소화시키는 놀라운 적응을 이루어 냈다. 육식식물이 과학자와 비과학자의 상상력을 모두 사로잡은 것도 놀랄 일이 아니다. 영화와 연극, 다큐멘터리와 책을 아울러 이렇게 다양한 방식으로 인간 문화에 발을 디딘 식물군도 없을 것이다. 더 신나는 것은 정직한 유통 과정을 통해 종자와 식물을 구할 수만 있다면, 많은 종이 약간의 관심만으로도 집 안이나 주변에서 기를 수 있다는 점이다. 난초와 마찬가지로 육식식물도 가장 심한 불법 채취의 대상이며, 그런 불법 행위가 만연한 것은 희귀종에 대한 사람들의 끝없는 관심을 채우기 위해서이다. 식물에 대한 사랑이 야생에서 식물의 감소나 멸종에 기여해서는 절대 안 된다.

마지막으로, 생존에 필요한 자원을 얻기 위해 육식보다 훨씬 더 이상한 방식으로 진화한 식물 집단이 있다. 다른 식물, 심지어 곰팡이로부터 필요한 것을 갈취하는 방식이다. 감탄할 정도로 많은 식물이 다양한 기생 방식을 발달시켜 왔는데, 다음 장에서 우리는 그 대표 주자들을 만나볼 것이다.

7장

기생식물의 삶

어느 날, 나는 뉴욕주 서부의 한 언덕에서 잔뜩 취해 있었다. 7월이었고 우리는 솔송나무 숲 짙은 그늘에 죽치고 앉아 더위를 피하는 중이었다. 경사가 급한 비탈이 이판암 바닥의 개울까지 이어지는 곳이었다. 물은 부드러운 석회암 위를 구불구불 흐르다가 바위 절벽을 타고 12미터를 곤두박질쳤다. 폭포는 겉보기에 장관일 뿐 아니라 미세한 안개를 일으키며 한여름 무더운 공기를 식혀 주었다.

그때만 해도 나는 그곳에서 자라는 식물들을 식별할 수 있을 만큼 식물에 대해 잘 알지 못했다. 그래도 식물학에 대한 호기심만큼은 왕성하게 타오르던 시점이라, 나는 내가 구별할 수 있는 양치류가 있는지 보려고 길가를 유심히 살폈다. 그러다 이상한 것을 발견했다. 뭔지는 모르겠지만 머릿속에서 그것이 특별하다고 말하고 있었다. 별로 크지 않은 크기에 전반적으로 대칭을 이루는 형태였다. 왠지 자세히 들여다보고 싶었다.

비탈길을 내려가 가까이 가 보니 분명 식물이었다. 눈앞에 있는 것은 끝에 꽃이 여러 개 달린 작은 갈색 줄기였다. 꽃마다 꽃잎이 여섯 장인데 보라색 반점이 있는 흰색의 입술 같은 꽃잎이 가장 눈에 띄었고, 식물의 나머지 부분과는 크게 대비되었다. 도무지 뭔지 알 수 없었다. 그때까지만 해도 나는 식물은 모두 초록색이겠거니 생각했었다. 하지만 눈앞의 식물은 잎은 고사하고 어디서도 초록 기운을 찾아볼 수 없었다. 나무에서 떨어진 꽃가지인가 싶어 살짝 잡아당겨 보았지만 땅에 단단히 뿌리를 내리고 있었다.

이 기이한 식물이 뭘까? 원래부터 이곳에 자라던 식물인가? 질문이 꼬리를 물고 이어졌다. 워낙 생김이 독특해서 금세 도감에서 찾아냈다. 그날은 내가 처음으로 산호란속(*Corallorhiza*) 식물을 본 날이었고, 기생식물을 처음 본 날이기도 했다. 이때 만난 점박이산호란은 식물이 지구에서 살아남아 버틴 시간을 다시금 돌아보게 해 주었다. 나는 항상 식물이 광합성에 의존한다고 생각했다. 그런데 여기 내 눈앞에 그 고정관념에 도전하는 식물이 있는 게 아닌가. 이 식물이 지구상에 존재하는 유일한 기생식물일 리 없다는 생각이 들었다. 아니, 이건 또 무슨 세상이지? 또 어떤 종류의 기생식물이 있을까?

산호란에 관해서는 나중에 다시 이야기하기로 하고, 우리가 기생체라고 부르는 생물에 관해 잠시 알아보자. 엄밀한 의미로 기생체란 다른 유기체 안에서 또는 그 유기체의 도움으로 영양과 보호를 받고 사는 생물을 말한다. 반면 숙주는 대가로 아무 이익도 얻지 못하거나 심지어 손해를 본다. 속된 말로 기생체는 숙주에게 빨대를 꽂고 산다. 인간 사회에서 이 '식객'의 평판이 좋을 리 없다. 그러나 지구상에서 이런저런 식으로 기생하는 생물의 비율이 50퍼센트에 육박한다는 사실을 감안한다면, 기생체를 부정적으로만 기술하는 것은 지나친 단순화이다. 또 기생생물의 세계에 깊이 파고들수록 이 생물이 생명을 형성하는 데 매우 중요하다는 진실을 깨닫게 된다. 이 식물은 다른 생물을 이용해 살아가는 삶에 적응하기 위해 다양한 스펙트럼의 진화적 전략을 구사한다. 여기에서 다른 생물이란 대개 다른 식물이나 곰팡이를 말한다. 예를 들어 기생식물이면서 여전히 광합성을 하는 종이 있는가 하면, 점박이산호란 같은 식물은 아예 그 능력을 잃어버렸다.

기생성은 아마 대부분의 가계에서 서서히 도입되었을 것이다. 현재 우리 주위에서 자라는 식물을 통해 이 과정을 이해해 보자. 진화에는 순위가 없다. 특정 전략을 최고라고 손꼽을 수도 없다. 그래서 현존하는 기생식물의 형태는 필요할 때만 기생하는 것부터 다른 생물에 기생해서만 살 수 있는 것까지 매우 다양하다.

필요할 때만 기생하는 형태는 기회주의자에 가깝다. 열악한 환경에서만 이웃에 기생하고, 흡수근 또는 흡기라고도 부르는 특수화된 도구를 사용한다. 흡기는 많은 기생식물이 사용하는 일종의 관으로, 기생체의 뿌리에서 나온 작은 돌출부로 시작한다. 원하는 숙주의 뿌리나 줄기에 접촉하면 흡기가 관다발 조직을 뚫고 들어가 뿌리처럼 숙주로부터 물과 영양소를 빨아들인다.

어떤 기생식물은 숙주에 전적으로 의존하지 않고 상황이 여의찮을 때만 이용한다. 이때 기생식물은 꽤나 씀씀이가 헤프다. 노련한 식물학자라면 더운 날 식물의 잎에 입술만 살짝 대봐도 그 식물이 이웃에 기생하는지 아닌지를 알 수 있다. 비기생 식물은 무더위에 몸에서 물이 빠져나가는 것을 막기 위해 기공을 닫아 두지만, 기생식물은 개의치 않고 증산작용을 계속하기 때문이다. 결과적으로 기생식물의 잎은 숙주에서 빨아들인 물을 지속해서 증발시키므로 훨씬 시원하다. 제 것도 아닌데 뭐 하러 아껴 쓰냐는 심보라 생각하면 된다. 그중에 크라메리아속(*Krameria*) 식물이 있다. 이 아름다운 식물은 다양한 종류의 식물에 기생하여 그들이 사는 건조한 땅에서 얻기 힘든 물과 영양을 훔친다. 이 식물의 반(半)기생 방식은 한 해의 가장 뜨거운 시기에 부인할 수 없는 이점을 준다. 기생식물 진화의 초기 형태는 아마 크라메리아속 식물과 유사했을 것이다. 이 식물은 제 힘으로도 살 수 있지만 시스템을 조금 속여서 생존에 앞서 나갈 수 있었다.

과학자들이 초기 기생식물의 모습으로 손꼽는 가장 좋은 예는 오스트레일리아 서부에서 찾을 수 있다. 특별한 시기에 맞춰 개화하기 때문에 때문에 현지에서 '크리스마스나무(*Nuytsia floribunda*)'라고 불리는 꼬리겨우살이의 한 종이다. 수관 전체에 주황색이나 노란색을 띠는 꽃이 폭발하듯 만발하면 얼마나 아름다운지 모른다. 꽃마다 꽃가루와 꽃꿀을 잔뜩 만들어 그곳에 상주하는 수분 매개자의 주요 먹이원이 된다. 또한 이 나무는 지구에서 가장 큰 겨우살이 종이다. 우리에게 익숙한 착생 형태의 겨우살이와 달리 크리스마스나무는 나무로 자란다. 수관이 잎으로 뒤덮여 있으므로 스스로 광합성을 해서 필요한 탄수화물을 모두 만들 수 있다. 다만 물과 무기질은 다른 식물에 기생해서 구해야 한다.

크리스마스나무는 뿌리 기생체이다. 이웃 식물의 뿌리를 찾아 땅속에서 넓게 뿌리를 퍼트린다. 탐험심이 충만한 이 뿌리가 나무에서 110미터 떨어진 곳까지 뻗은 기록도 있다. 이 나무는 숙주도 딱히 가리지 않아 기회가 오면 일단 뭐든 잡고 본다. 크리스마스나무의 뿌리가 숙주가 될 후보를 찾으면 믿을 수 없는 일이 일어난다. 이 나무의 흡기는 작은 도넛 형태로 숙주의 뿌리를 감싼 다음 점차 부풀어 옥죄어 가다 결국 물리적인 힘으로 숙주의 뿌리를 절단한다. 이어서 풍선 같은 곁가지가 뿌리의 물관 조직에 침투해 결합하면, 기생 나무가 물과 무기질을 훔쳐 올 준비가 완료된다.

놀랍게도 크리스마스나무는 숙주를 탐색할 때, 진짜 살아 있는 뿌리이든, 뿌리처럼 생긴 것이든 가리지 않고 기회가 오면 무작정 흡기로 감싸고 본다. 그 까닭에 죽은 나뭇가지, 바위, 심지어 지하에 매설된 전력선까지, 다양한 종류의 무생물이 흡기로 둘러싸인 채 발견된 바 있다. 기회주의적 기생성 때문에 이 식물은 막다른 길일지언정 주어진 모든 가능성을 탐구하는 것이다. 그렇다고 이 나무가 주변 식생의 적은 아니다. 크리스마스나무는 각 숙주로부터 아주 적은 양만 빼앗아 오므로, 그 효과는 주변 식생에 넓게 퍼지는 대신 개별 식물에 가하는 충격의 양은 크지 않다.

크리스마스나무는 초기 기생식물의 모습을 가늠하게 하는 좋은 예이지만, 화석 증거를 찾을 때까지는 누구도 식물이 처음 어떻게 기생을 시작했는지 확신할 수 없다. 대신 우리는 커다란 스펙트럼을 형성하는 현재의 다양한 기생 전략을 연구한다. 크리스마스나무와 같은 일반종에서 출발해 숙주를 아주 까다롭게 선정하는 기생체까지 기생의 형태는 다양하다. 숙주-기생체의 관계를 연구하면 이 시스템이 진화한 과정에 대한 훌륭한 통찰을 얻을 수 있다. 그 환상적인 예가 모하비 사막과 소노란 사막에서 자라는 또 다른 겨우살이 종이다.

영어로는 사막겨우살이(desert mistletoe)라고 부르는 포라덴드론 칼리포르니쿰(*Phoradendron californicum*)을 찾기는 어렵지 않다. 특히 숙주 나무가 잎을 모두 떨어내는 건기에는 더 쉽게 눈에 띈다. 사막겨우살이는 크리스마스나무처럼 물과 양분을 숙주에 의지하면서도 스스로 광합성을 할 수 있는 반기생성 식물이지만, 크리스마스나무와 달리 크기가 크지 않고 독립해서 살 수도 없다. 숙주 나무의 가지에 매달려 착생성 식물로 살아가는 줄기 기생체다. 누군가가 생각 없이 잔가지 더미를 통째로 나무에 던져 놓은 것 같은 모양새다.

이 분류군의 전문가들에게는 운이 좋게도, 현재 우리는 사막겨우살이 진화의 결정적인 시기를 함께 보내고 있다. 일부 사막겨우살이 개체군이 제가 선호하는 숙주에 기반해 좀 더 특수한 생활양식을 갖춰 가고 있기 때문이다. 전반적으로 사막겨우살이는 팔로베르데

(*Parkinsonia florida*), 메스키트(*Prosopis*), 아카시아(*Acacia*) 같은 콩과 수종을 선호한다. 단, 각각 선호하는 나무는 대개 한 종류이다. 또한 연구팀은 사막겨우살이가 보이는 수종의 선호가 무작위적이 아님을 발견했다. 좋아하는 나무는 이미 발아기에 결정된다. 예를 들어 아카시아에서 자란 겨우살이 종자를 팔로베르데 또는 메스키트에 두면, 다른 아카시아에 놓았을 때와 비교해 잘 발아하지 않는다. 아직 정확한 메커니즘은 밝혀지지 않았지만, 사막겨우살이의 성공은 숙주 나무의 다양한 호르몬 수치에 영향을 받기 때문에, 격리된 개체군은 해당 지역에 특이적인 숙주의 화학적 성질에 더욱 특화된다고 여겨진다.

과학자들은 또한 서로 다른 숙주 나무에서 자라는 사막겨우살이 개체군이 생식적으로도 격리되었다는 증거를 찾았다. 메스키트 나무에서 자라는 개체군은 아카시아나 팔로베르데에서 자라는 개체군보다 꽃을 훨씬 늦게 피운다. 개화 시기가 다르면 어지간해서는 유전자가 섞일 기회가 없으므로, 개체군 간의 사이가 완전히 벌어진다. 다시 말하지만 숙주 나무가 어떻게 겨우살이의 개화 시기에 영향을 주는지 알려 주는 단서는 없다. 다만 호르몬과 물의 가용성이 관련 있어 보인다. 새도 이 드라마에서 한몫할지 모른다. 수분을 마친 사막겨우살이는 새들이 거부할 수 없는 밝은 붉은색 열매를 대량 생산하는데, 특히 북부흉내지빠귀와 검은여새가 제 세력권에서 열매를 맺는 겨우살이 관목을 적극적으로 방어한다. 이 새가 사막겨우살이 종자의 종착지에 영향을 미쳐 각 개체군의 전문화를 더욱 강화시켰을 가능성이 분명 있다.

사막겨우살이는 특히 숙주가 잎을 다 떨군 시기에 찾기 쉽다.

기생식물의 세계에서는 특화된 식물일수록 더 기이하다. 숙주에 의존할수록 스스로 하는 일은 줄어든다. 그중 하나가 물과 양분을 얻는 일인데, 심지어 광합성 능력을 아예 폐기한 기생식물도 있다. 만약 들판이나 등산로를 지나면서 풀과 나무 위로 접시째 내팽개쳐진 듯한 스파게티 국수 가닥을 본 적이 있다면, 세상에서 가장 전문화된 기생식물을 만난 것이다. 100종 이상의 이 새삼속(*Cuscuta*) 식물은 가장 추운 지역을 제외한 지구 전체를 지배하고 있다. 이 식물의 성공에는 분명 인간이 개입했다. 새삼속 식물은 많은 작물의 흔한 기생체로, 인간이 복잡한 자연 생태계를 단일 종 경작지로 바꾸는 과정에서 함께 수를 불렸다.

사람들은 새삼속 식물의 기생성에 대한 반발심 때문에, 이 식물에게 마녀의 머리칼, 목을 조이는 잡초, 악마의 내장, 지옥의 덩굴 따위의 화려한 별명을 다수 지어 주었다. 경작에 미치는 나쁜 영향을 제외한다면, 새삼은 확실히 놀라운 기생체다. 잎도 만들지 않고 따라서 엽록소도 거의 없다. 뿌리는 처음 싹이 돋을 때만 나오다가 숙주를 찾을 무렵에 완전히 사라진다. 빠른 시간 안에 숙주를 찾는 것이 관건이다. 싹이 발아하고 열흘 안에 숙주를 찾아 부착하지 않으면 기운이 고갈되어 죽는다. 새삼 새싹을 저속촬영 카메라로 찍어 보면, 새로 돋아난 덩굴손이 작은 올가미 밧줄처럼 나선형을 그리며 정신없이 휘두르는 것이 보인다. 이것이 새삼이 숙주를 찾는 방식이다. 360도 회전하여 다른 식물의 줄기에 접촉할 기회를 늘리고, 일단 숙주를 찾으면 시간을 낭비하지 않는다.

어린 새삼은 접촉한 식물을 감으며 기어오르기 시작한다. 이쯤 되면 더는 토양에 의존할 필요가 없으므로 과감히 뿌리를 버린다. 줄기가 숙주와 맞닿은 지점에서 수많은 흡기근을 생산한 다음, 숙주의 관다발에 꽂고 연결한다. 그러고 나면 필요한 모든 물과 영양소, 탄수화물에 접근이 가능해진다. 그렇다고 새삼이 주변의 아무 식물에서나 기생하는 것은 아니다. 궁합이 맞는 숙주를 찾아야 한다. 새삼속 식물들은 각자의 기호를 발달시켜 왔다. 어떤 실새삼은 유독 가짓과 식물을 좋아해 근처의 다른 식물들을 다 외면하고 가짓과 식물로 향한다. 이를 궁금히 여긴 과학자들이 새삼이 많은 식물 중에 제가 좋아하는 식물을 구별하는 방법에 대해 많은 가설을 내놓았는데, 2006년에 한 연구팀은 새삼이 희생자의 '냄새를 맡는다'는 사실을 발견했다.

물론 새삼은 코가 없다. 하지만 공기 중에서 휘발성 화합물을 감지하는 능력이 있다. 모든 식물은 공기 중에 화학물질을 방출한다. 어떤 것은 너무 자극적이어서 인간의 덜 뛰어난 후각으로도 감지할 수 있을 정도다. 그러나 대부분은 그 미묘한 향내를 포착하기 위해 정교한 감각을 요구한다. 이때 새삼속 식물은 숙주가 내뿜는 가스에 특히 민감하다. 새삼의 숙주 식물이 방출하는 화학물질을 추려 보면, 이 기생체에 어떤 화합물이 가장 매력적인지 식별할 수 있다. 연구팀은 여러 물질을 각각 종이에 문지른 다음, 새삼의 새싹이 어디로 향하는지 관찰했다.

놀랍게도 연구팀은 새삼의 움직임을 저지하는 화합물도 발견했다. 예를 들어 밀은 '(Z)-3-헥세닐 아세테이트'라는 화합물을 방출하는데 새삼은 그 물질을 적극적으로 피한다. 공교롭게도 이 화합물은 식물이 곤충의 유충 등 초식동물의 공격을 받을 때 분비하는 것이기도 하다. 새삼 입장에서는 건강하고 튼튼할수록 더 좋은 숙주이므로, 이런 화학 신호를 단서로 삼아 아프거나 약한 식물을 걸러내는지도 모른다. 그러나 연구팀이 실험한 밀은 완전히 건강한 상태였고 공격받지도 않았다. 그렇다면 밀에서 새삼 같은 기생체를 저지하는 방법이 진화한 것일까? 새삼의 주목을 받지 않기 위해서 아픈 듯 가장하는 것일까? 당연히 그럴 수 있다. 이렇게 기생체 연구를 통해서, 과학자들은 식물의 신호 전달 방식과 복잡한 감지 능력에 관해 많은 것을 배우고 있다. 그런데 새삼의 이야기는 생각보다 훨씬 복잡하다.

최근 몇 년간, 새삼이 숙주로부터 물과 양분 이상을 훔친다는 것이 밝혀졌다. 이 기생식물은 숙주의 유전 물질에까지 손을 댄다. 한 유기체의 게놈에서 다른 유기체의 게놈으로 유전물질이 이동하는 것을 '수평적 유전자 이동'이라고 부르는데, 이는 자연에서 놀라울 정도로 흔한 현상이다. 세균 같은 미생물에서는 일상적으로 일어나고 식물을 비롯한 복잡한 다세포 유기체에서도 점차 그 예가 늘어나고 있다. 연구팀은 수평적 유전자 이동에 의해 새삼 게놈에 추가된 숙주 유전자를 100개 이상 식별했다. 이 유전자는 대표적으로 말피기목, 석죽목, 콩목, 아욱목, 장미목, 십자화목 식물 등 다양한 숙주 혈통에서 유래했다. 그중 많은 유전자가 온전한 상태를 유지할 뿐 아니라, 새삼 게놈에서 활발하게 발현된다. 여기에는 흡기 발달 유전자, 방어 반응 유전자, 아미노산 대사 유전자 등이 있다. 또한 마이크로 DNA를 코딩하는 유전자도 발견되었는데, 이는 거꾸로 새삼이 숙주 식물에게 전달하여 자신이 성공적인 기생체가 되도록 숙주의 방어 유전자를 잠재우는 역할을 한다. 우리는 아직 이 과정이 어떻게 일어났는지 알지 못하고, 숙주에서 기생체로 유전자가 전달되는 것이 일방적인 과정인지 아닌지도 모른다. 그러나 수평적 유전자 전달이 기생식물의 진화에 중요한 과정이며, 이 식물의 성공에 기여했다는 증거는 확실하다.

야생 미국수국에 기생하는 새삼의 밝은 주황색 줄기.

겨우살이나 새삼과 같은 기생식물의 이야기를 알아 나가며, 나는 식물이 인간에게 기생하는 방법을 진화시키지 않은 것이 고마울 지경이었다. 물론 식물은 물리적으로 내 몸에 침투하지 않고도 내 삶을 완전히 장악하긴 했지만. 그러나 기생식물이 식물에만 의탁하는 것은 아니다. 식물이 귀중한 물과 영양소로 가득 차 있기는 하지만 유일한 숙주는 아닌데, 알고 보면 지구에는 곰팡이에 기생하는 식물도 많다. 이 식물들은 지구에서 가장 오래되고 중요한 상리공생 관계를 잘도 악용해 왔다. 곰팡이에 기생하는 식물을 균종속영양식물이라고 부른다. '곰팡이 섭식자'라는 말을 어렵게 포장한 전문용어에 불과하다. 이 식물은 대단히 전문화되었으며 우리가 인지하는 것 이상으로 무척 흔하다.

겨우살이의 예에서 본 것처럼, 곰팡이에 기생하는 능력이 하룻밤 사이에 생긴 것은 아닐 터다. 아마 처음에는 양쪽 모두 이익을 얻는 데서 시작해 점진적으로 변질되었을 가능성이 크다. 균종속영양식물에 관해 알아야 할 것은 다행히 현재도 존재하는 식물-곰팡이 협업의 스펙트럼에서 배울 수 있다. 식물이 곰팡이에 기생하는 초기 형태는 난과 식물에서 그 단서를 찾을 수 있다. 지구상의 모든 난과 식물이 -실험실에서 기르는 게 아닌 이상- 기생체로 생을 시작했다고 한다면 믿어지는가? 사실 난과 식물은 자식을 애지중지하는 부모가 아니다. 자식을 잔뜩 낳기만 할 뿐, 발아와 초기 생장에 연료가 될 에너지를 채워 주지 않는다. 따라서 난과 식물의 씨앗은 살아남기 위해 외부의 도움을 받아야 한다.

이때 도움을 주는 것이 바로 균근균이다. 이 곰팡이는 난의 종자를 뚫고 들어가 그 안에 있는 배아와 특별한 관계를 맺는다. 누구도 어떻게 맨 처음 서로 다른 두 유기체가 연결되었는지는 모른다. 난의 배아는 당분이나 그 밖에 곰팡이의 구미가 당길 만한 것이 없다. 또한 둘의 관계에서는 미래의 이익도 기대하기 힘들다. 심지어 최고의 조건을 가정한 시나리오에서조차 저 작은 씨앗이 첫 번째 이파리를 피워내 곰팡이에게 첫 탄수화물을 제공하기까지 최소한 3~5년이 걸린다. 하지만 그 신호가 무엇이든, 곰팡이가 난의 씨앗을 완전히 장악해 먹어 버리지 못하게 막고 있다. 두 유기체가 맺은 모종의 '협약'에 따라 난초의 작은 세포 다발은 균이 공급하는 영양분을 먹으며 원괴체(protocorm)로 자란다.

원괴체는 전혀 식물로 보이지 않는다. 줄기도 아니고 뿌리도 아닌 그저 분화되지 않은 식물 세포 덩어리에 불과하다. 원괴체 대부분은 자신이 상주하는 곰팡이가 먹이는 것을 닥치는 대로 빨아들이면서 눈에서 멀어지면 마음에서도 멀어지는 삶을 산다. 광합성을 하는 일반적인 종은 마침내 이 단계를 극복하고 자라서 수년간 애써 준 곰팡이에게 은혜를 갚기 시작한다. 그러나 일부 난과 식물은 곰팡이와의 상리공생 협약을 일방적으로 수정하는 방법을 알아냈다. 이 난은 광합성을 하는 조직을 키우는 대신 평생 곰팡이의 도움으로 살면서 아무것도 되돌려 주지 않는다. 이와 같은 기생적 생활양식 때문에 야생에서 이런 난과 식물을 수색하기는 어렵다. 광합성을 하지 않으므로 꽃을 피울 때까지는 지상에 몸을 드러낼 필요가 없기 때문이다. 모습을 보이는 것은 개화기뿐이다. 이 장을 시작하면서 말한 점박이산호란이 그 완벽한 예이다.

예상하겠지만 이런 식의 기생 생활을 유지하려면 특히 기생식물의 뿌리에서 독특한 변화가 일어나야 한다. 균종속영양식물의 뿌리는 다른 식물의 뿌리와 아주 다르게, 사방으로 삐져나온 펑키한 돌출 부위로 장식된 이상한 덩어리처럼 생겼다. 거꾸로 서서 땅속을 보면 아마 미세한 실로 덮인 작은 산호 군락이 보일 것이다. 그런 뿌리를 산호형 뿌리라고 한다. 그래서 이 식물의 이름이 산호란이고 속명도 산호의 뿌리라는 뜻에서 '코랄로르히자(*Corallorhiza*)'이다. 산호형 뿌리는 산호란에만 있는 것은 아니지만, 이 기괴한 기생식물은 이런 해부 구조가 진화한 가장 상징적인 식물이다.

산호형 뿌리 안에서 일어나는 일은 아직까지 의문투성이지만, 우리가 아는 것은 이 관계가 전형적인 협업 체제로 시작한다는 점이다. 곰팡이가 난의 뿌리 세포 속으로 자라면서 펠로톤(peloton)이라는 작은 나무 같은 구조를 형성하는데, 기생 관계가 아닌 일반적인 관계에서 이 구조물은 곰팡이와 광합성 파트너 사이에 물, 영양소, 탄수화물이 원활하게 교환되도록 돕는다. 그러나 균종속영양식물의 뿌리에서는 펠로톤의 기능이 망가져 원래는 서로 주고받아야 하는 것이 식물만 득을 보는 관계로 바뀌었다. 곰팡이가 자신의 불리한 처지를 알고도 참는 건지, 또는 식물이 모종의 방식으로 곰팡이를 구슬려 기생 관계가 계속 유지되게 하는지는 알려진 바가 없다.

이런 수수께끼를 만나며, 나는 이 식물을 더 사랑하게 되었다. 일단 균종속영양식물에 눈을 뜨면 야생에서 이 식물을 찾기는 쉬워진다. 내부에 광합성 기계가 없다는 것은 통상 꽃을 제외한 식물의 기관에서는 예상할 수 없는 색깔로 몸이 장식된다는 뜻이다. 예를 들어 산호란은 흔히 분홍색, 빨간색, 보라색 색소로 물든다. 심지어 밝은 노란색을 띠는 종도 있다. 산호란만이 아니다. 다른 현화식물 분류군에서도 균종속영양 방식이 진화했다. 대표적인 기생식물이 진달랫과에 많이 있다. 진달랫과의 균종속영양 식물은 식물 패션 대회에서 '가장 기이한 식물' 상을 노리는 듯 색이 화려하기 그지없다.

줄무늬산호란과 같은 산호란은 곰팡이에 기생하여 살아가므로
잎이나 엽록소를 만들 필요가 없다.

수정난풀(*Monotropa uniflora*)은 오싹하고 창백한 외형 때문에 영어권에서 '유령의 담뱃대'라는 일반명으로 불리는 식물이다. 잎이 없고 길고 가느다란 줄기 끝에 땅을 향해 휘어진 종 모양의 꽃 한 송이가 피는데, 영락없이 우리 증조할아버지의 오래된 파이프 담배 유령처럼 보인다. 수정난풀의 사촌 중에는 여러 송이의 꽃이 피는 구상난풀(*Monotropa hypopithys*)이 있는데, 1년 중 개화 시기에 따라 두 가지 색깔로 핀다. 대체로 여름에 일찍 개화하는 개체군은 황금 노란색, 이른 가을에 피는 개체군은 빨간색을 띠는 경향이 있다. 구상난풀도 북아메리카 서부에 사는 다른 친척들에 비하면 밋밋한 편이다. 사코디스(*Sarcodes sanguinea*) 같은 종의 새빨간 줄기와 꽃은 눈이 아플 정도로 색이 진하다. 일찍 개화하는 습성 덕분에 하얀 눈 위에 그 생식기관이 선명하게 대비될 때가 있는데 정말 장관이다. 하지만 내가 뽑은 '베스트 드레서'는 흔히 '지팡이 사탕'으로 알려진 알로트로파 비르가타(*Allotropa virgata*)이다. 이 종은 수정난풀의 창백함과 사코디스의 붉은색이 뒤섞여 마치 줄기 하나에 여러 송이 꽃이 달린 지팡이 사탕 꽃 같다.

괴짜를 사랑하는 사람에게는 버어먼초과(Burmanniaceae)를 추천한다. 이 과는 거의 전적으로 균종속영양식물로 구성되었고 진화가 아직 그 색깔과 형태를 실험 중이다. 종 대부분이 뭍보다 바다에 속한 것처럼 보인다. 이 분류군의 사진을 처음 보았을 때는 말미잘이 아닌 식물이라는 게 믿기지 않았다. 종 대부분이 약간의 뿌리와 가끔 피는 꽃으로 구성된 작은 식물이지만 이런 설명만으로는 이 식물들을 제대로 평가할 수 없다. 버어먼초과 식물을 이미지로 검색하면 티스미아속(*Thismia*) 식물의 사진도 나올 것이다. 콩 크기의 꽃은 색깔이 주황색에서 빨강, 파랑, 초록까지 다양하고, 미니 가스 랜턴 또는 밝은 촉수에 둘러싸인 히드라처럼 보인다. 티푸티니아 포이티다(*Tiputinia foetida*)라는 식물도 있다. 2007년에 발견된 식물로 티푸티니아속의 유일

수정난풀은 엽록소가 없어 몸 전체가 창백한 흰색이며 광합성을 하지 못해 기생 생활을 한다.

사진 출처 국립생물자원관(원작자 : 현진오)

한 종이다. 불가사리처럼 생긴 꽃 한 송이가 지면에 바짝 누워서 나는데, 꽃잎은 반투명한 갈색이고 가운데 밝은 노란색 구조물을 둘러싸는 모양새가 팔이 안쪽으로 굽은 눈송이 같다. 버어먼초과 식물은 모양과 색깔의 다양성에 끝이 보이지 않는다. 크기가 작고 대개 오지에 자라므로, 사람들이 이 괴이한 기생식물을 쉽게 마주치지 못하는 것이 안타까울 뿐이다.

균종속영양식물은 고도로 특화된 기생방식으로 살아가지만, 그럼에도 식물로 볼 수 있는 많은 특징이 있다. 이 생물은 뿌리와 줄기가 있고 잎의 흔적도 보인다.

그러나 이와 달리, 식물이 가진 거의 모든 물리적 요소를 버린 기생식물도 있다. 그것이 가능한 이유는 이 식물이 다른 식물의 도움을 받는 것을 넘어서서 아예 그 안에 눌러 살기 때문이다. 이 식물과 숙주의 관계는 그야말로 극단적이다. 이런 생활양식은 특수한 생리학적, 형태학적 적응을 필요로 하며, 이런 수준까지 침입하려면 기생체는 제 몸을 식물이 아닌 곰팡이에 가깝게 바꿔야 한다. 그래서 감염된 숙주의 조직을 잘라 보면 관다발계 전체를 흐르는 실 같은 그물망을 볼 수 있는데, 이 실이 바로 기생식물의 '몸'이다.

내가 가장 좋아하는 예를 이번에도 겨우살이에서 찾을 수 있다. 위에서 소개했듯이 겨우살이는 숙주와 아주 밀접해 종 대부분이 숙주의 줄기나 가지에 제 흡기를 꽂을 수 있다. 그러나 놀랍게도 몇몇 종은 이런 방식을 한 차원 업그레이드했다. 트리스테릭스 아필루스(*Tristerix aphyllus*)가 그렇다. 이 식물의 숙주는 콜롬비아와 칠레에 자생하는 산취선인장속(*Echinopsis*) 식물이다. 겨우살이가 꽃을 피울 결심을 하기

트리스테릭스 아필루스는 선인장에 기생하여 빨강 또는 노란색의 꽃을 피운다.

사진 출처 Pato Novoa / CC BY-SA 2.0 / 위키미디어 커먼스

까지는 아마 선인장이 감염되었는지도 모를 것이다. 하지만 겨우살이 꽃이 피면, 선인장의 가지가 갈라진 줄기에서 밝은 빨강 또는 노란색의 꽃이 피어난다. 마치 선인장이 꽃을 피우는 것처럼 보인다. 그러나 조금만 자세히 살피면 선인장 꽃과는 근본적으로 형태가 다름을 알 수 있다. 이상하게도 이 겨우살이는 꽃이 피는 가지에서 가끔 작은 잎을 만들어 내는데, 그걸 보면 한때 이 식물에게도 광합성을 하던 시절이 있었구나 싶다. 그러나 이 잎은 광합성을 하지 않고, 설사 한다고 하더라도 미미한 수준이다.

이런 습성이 있는 것은 트리스테릭스 혼자만이 아니다. 대서양을 가로질러 아프리카에 또 다른 기생성 겨우살이 종이 사는데 평생을 숙주의 관다발 조직 안에서 생활한다. 놀랍게도 이 종은 수렴진화를 통해서 형태와 기능이 선인장을 닮게 된 분류군에 특화되었다. 바로 에우포르비아 호리다(*Euphorbia horrida*)와 같은 대극과 식물이다. 이 식물에 기생하는 겨우살이는 학명이 비스쿰 미니뭄(*Viscum minimum*)으로 역시 꽃을 피울 때만 볼 수 있다. 숙주 식물 옆구리에서 작은 주황색, 초록색 꽃다발이 분출해 자신을 수분 매개자에게 내보인다. 꽃이 수분 되고 종자가 퍼지고 나면 숙주 안으로 사라져 다음번에 꽃을 피울 에너지를 강탈한다.

이와 같은 절대적 기생체의 흥미로운 점은 숙주 식물의 건강과 웰빙에 100퍼센트 의지한다는 점이다. 숙주가 힘을 잃고 죽으면 기생체도 함께 죽는다. 개화는 많은 에너지가 필요한 사건이므로 기생식물이 꽃을 내보이는 경우가 많지 않을 거라고 생각하기 쉽지만, 늘 그런 것은 아니다. 놀랍게도 세계에서 가장 큰 단일 꽃이 바로 포도의 친척에 기생하는 식물의 꽃이다. 시체꽃이라고도 하는 라플레시아(*Rafflesia arnoldii*)는 동남아시아 정글에 서식하며 번식할 때만 숙주 덩

라플레시아는 지름이 1미터도 넘는, 세계에서 가장 큰 단일 꽃을 피운다.

굴 밖으로 모습을 드러낸다. 개화는 덩굴에서 거대한 눈이 터져 나오며 시작한다. 그리고 서서히 부풀어 큰 양배추와 비슷해진다. 마침내 꽃눈이 열리고 웅장하기 그지없는 규모의 꽃이 피어난다.

5개의 거대한 둥근 꽃잎이 항아리처럼 움푹 들어간 이상한 구조물을 둘러싼다. 그 안에는 생식기관이 있다. 꽃은 붉은 살코기 색깔이고 우둘투둘한 흰색 돌기가 점점이 흩어져 있다. 전체 구조는 예술적으로 배치된 시체에 가까운데 그게 바로 이 식물이 의도하는 바이다. 꽃이 열리자마자 섬뜩한 시체 형상에 썩어가는 살의 냄새가 더해진다. 시각과 후각의 조합이 이 꽃을 수분하는 검정파리를 끌어당긴다. 꽃 하나가 지름 약 1미터에 무게가 11킬로그램쯤 나가는데, 2020년 1월에 지름 1.2미터짜리가 발견되어 그 기록이 갱신됐다. 이 이상한 식물이 과학자들을 놀라게 할 일이 아직 남아 있다는 뜻이다. 덧붙여 이 시체꽃 역시 새삼처럼 숙주의 덩굴에서 유전 물질을 훔친다는 증거가 있다. 그 훔친 유전자에 무슨 쓸모가 있는지는 확실하지 않지만 기생 생활을 유지하는 데 관련이 있을 것으로 보인다.

혹시 지금까지 언급한 모든 기생식물이 현화식물이라는 사실을 눈치 챘는지 모르겠다. 실제 속씨식물은 기생식물계를 장악하고 있지만 그렇다고 꽃을 피우지 않는 기생식물이 없는 것은 아니다. 비관속식물이지만 곰팡이에 기생하는 식물도 있다. 크립토탈루스속(*Cryptothallus*, 'crypto'는 감춰졌다는 뜻이고, 'thallus'는 얇은 판이라는 뜻이다) 식물은 전부 균영양종속식물로, 전 세계에 흩어져 분포한다. 태류에 속하는 크립토탈루스속 식물은 여러 해 동안 식물학자들의 관심을 받으며 '유령의 풀(ghostwort)'이라는 일반명을 얻기도 했다. 유령의 담뱃대인 수정난풀처럼 유령의 풀도 허연 귀신의 색을 띤다. 그러나 수정난풀과 달리 유령의 풀은 관다발이 없어서 삼투압으로 물을 쉽게 공급받을 수 있는 땅 가까이 살아야 한다. 사실 이 이상한 기생식물은 어떤 기질 안에서 자라든 거의 평생 그 안에서 파묻힌 채로 지내므로 찾기가 어렵다. 크기가 작고 희귀하여 숙주인 곰팡이의 눈에 덜 띄는 채로 기생생활을 할 수 있으나 자세한 관계는 훨씬 더 많은 연구가 이루어져야 한다.

그리고 적어도 한 종의 겉씨식물이 기생의 영역에 들어왔다. 학계에 알려진 유일한 기생성 겉씨식물인 파라시탁수스 우스타(*Parasitaxus usta*)가 누벨칼레도니 원시 숲 깊은 곳에서 자란다. 1속 1종인 이 식물은 기이하고 아름다울 뿐 아니라 비밀스럽기도 하다. 주로 남반구에 자생하는 나한송과의 일원으로, 보라색과 와인색의 아름답고 다양한 색조를 띤다. 이 기이한 구과 식물은 사실 엽록체를 생산하지만 그 크기가 아주 작고 광합성이 일어나는 데 필요한 전자 전달 기작이 기능하지 않는다. 형태적인 면에서 가장 이상한 것은 뿌리를 내리지 않는다는 점이다. 이 사실이 이 식물의 기생성을 나타내는 첫 번째 단서가 되었다. 더 조사해 보니 난초과나 진달랫과 기생식물처럼 파라시탁수스 우스타도 곰팡이를 매개로 활용해 나한송과의 다른 종인 팔카티폴리움 탁소이데스(*Falcatifolium taxoides*)의 뿌리에 간접적으로 기생하고 있었다. 팔카티폴리움 탁소이데스는 파라시탁수스 우스타의 유일한 숙주로 알려져 있다.

과학자들은 숙주에서 기생체로 전달되는 탄수화물이 전적으로 이 곰팡이를 매개로 운반된다고 증명했다. 그러나 파라시탁수스 우스타는 숙주의 물관 조직에 직접 연결해서도 질소와 물을 얻는 것처럼 보인다. 이런 방식은 일부 겨우살이와 같은데, 덕분에 높은 생장률을 유지할 뿐 아니라 구과를 1년 내내 생산할 수 있다. 내가 아는 한 지구상에서 이처럼 이상하게 전략을 조합하는 기생식물은 없다. 이런 독특한 특징에도 불구하고 파라시탁수스 우스타의 생태는 거의 미지의 영역이다. 예를 들어 이 기생성 겉씨식물이 어떻게 숙주에 자리 잡게 되었는지는 전혀 알려진 바가 없다. 종자는 끈적이지도 않고, 현재까지 종자 산포 방식조차 보고되지 않았다. 어쩌면 전적으로 우연의 문제이며 그래서 지금까지 그렇게 소수의 개체만 발견되었는지도 모른다.

우리는 기생식물의 진정한 복잡성을 이제야 이해하기 시작했다. 연구 기관은 만성적인 연구비 부족에 시달리지만, 다행히 이 비밀스러운 습성을 들여다볼 기술이 갖춰지는 중이다. 연구자들은 기생식물을 자세히 들여다보면서 이 식물의 화학, 생리학, 상호 소통, DNA, 진화에 관해 놀라운 사실을 밝히고 있다. 그러나 기생식물의 수수께끼가 쉽게 풀리지 않는 것을 연구비나 기술의 부족 때문이라고만 볼 수는 없다. 기생식물 이야기에 공백이 많은 데에는 기생생물을 향한 인간의 집단적 경멸이 미친 영향도 분명 있다.

자신을 둘러싼 세계를 '합리화'하는 경향이 있는 우리 인간은 일반적으로 기생생물을 혐오한다. 우리는 기생체를 열심히 일하는 다른 생물을 이용해 먹는 무임승차자로 악마화한다. 이 혐오의 큰 부분은 분명 우리 자신의 진화적 역사에 뿌리를 두고 있을 것이다. 결국 기생체는 숙주를 망가뜨리는 존재이고, 자연 선택은 우리 조상이 기생체에 감염되는 것을 피하는 행동에 보상해 왔기 때문이다. 또한 성실의 측면에서도 내가 비용까지 지불해 가면서 내 몸에 무언가가 살게 한다는 생각은 섬뜩하고 찜찜한 기분이 들기에 충분하다. 그러나 기생생물을 생명계의 절대적인 골칫거리로 매도하는 것은 큰 실수이다. 연구에 따르면, 기생생물이 생태계의 기능에 중요한 역할을 하고 있고, 심지어 건강한 생태계의 지표가 된다고 한다. 게다가 기생체는 생물 다양성에도 요긴한 존재임이 계속해서 증명되고 있다.

숙주의 활동을 억제함으로써 기생식물은 간접적으로 비숙주 식물에게 경쟁적 우위를 주게 된다. 덕택에 비숙주 식물은 원래대로라면 자신이 밀려났을 장소에 터를 잡을 수 있다. 이는 그 서식지에서 전반적인 식물 다양성을 키우는 결과로 이어진다. 실제로 기생식물은 덜 경쟁적인 식물 종의 편에 서서 경기의 균형을 맞춘다. 기생식물이 다른 종에게 주는 생존의 기회가 굉장히 크다 보니, 일부 정원사와 서식지 복원 전문가들은 땅에 심을 종자에 기생식물을 의도적으로 추가하고 있다. 토종 기생식물을 격려함으로써 더 많은 식물이 정착하고 번성할 발판을 마련하는 것이다. 예를 들어 미국 중부에서 열당과 반기생 식물인 페두킬라리스 카나덴시스(*Pedicularis canadensis*)가 안로포곤 게라르디이(*Andropogon gerardii*)와 소르그하스트룸 누탄스(*Sorghastrum nutans*)라는 경쟁력 강한 볏과 식물 사이에서 뿌리 내리면, 우점하던 풀의 생장이 눈에 띄게 줄어들면서 장구채속의 실레네 레기아(*Silene regia*) 같은 귀한 광엽 초본이 잘 자라게 된다.

무자비한 서식지 파괴와 생물 다양성 소실로 정의되는 이런 불확실한 시대에 우리는 기생체를 포함해 생태계를 건강하게 하는 모든 구성 요소를 아울러야 한다. 지구의 어떤 생물도 혼자서 살아갈 수 없다. 야생 공간을 보호하고 찢어진 조각을 다시 이으려 할 때 우리는 되도록 전체론적인 방식으로 접근해야 한다. 생물 다양성은 누구에게 묻느냐에 따라 그 의미가 다르다. 사람들이 생물 다양성을 수량화하고 이해하는 방식조차 다양할 수 있다. 주어진 환경 안에서 유기체의

반기생 식물 페두큘라리스 카나덴시스는 우점하는 풀의 생장을 방해해 다른 종에게 생존의 기회를 준다.

사진 출처 Huw Williams / 위키미디어 커먼스 다양성이 어떻게 건강한 생태계의 기능으로까지 확장되는지, 그 미묘한 세부 사항을 전달하기는 어렵지만, 그럼에도 이 한 가지만큼은 분명하다. 생물 다양성은 중요하다는 것이다. 식물에 대해서는 특히 더 그러하다.

이 책을 시작하며 언급했듯이 식물은 다른 모든 생물의 근간이다. 자생식물 군집이 제대로 기능하지 못한다면 다른 것들도 덩달아 고통을 겪을 것이다. 안타깝게도 생태계, 보전, 지속가능성에 관한 논의에서 식물은 거의 언급되지 않는 실정이다. 대형고양잇과 동물이나 새처럼 좀 더 카리스마 있는 유기체가 선호된다. 그러나 저 생물들도 식물이 없으면 존재하지 못한다는 게 현실이다.

그래서 다음 마지막 장에서, 나는 식물이 직면한 문제와 우리가 할 수 있는 일에 관해 이야기하려고 한다. 교외의 황무지에서 정원을 가꾸며 배운 게 있다면, 자생식물 군집을 존중하고 키울 때 생명이 자연스럽게 그 뒤를 따라온다는 점이다.

8장

식물에 닥친 문제

이 책을 쓰는 일은 쉽지 않았다. 장마다 내가 좋아하는 식물을 최대한 많이 싣고 싶었고, 식물들에 대해 좀 더 공부하면서 그들의 삶을 더 잘 알게 된 것은 더할 나위 없는 기쁨이었지만, 머릿속에는 내내 먹구름이 끼어 있었다. 책에서 언급된 식물 대부분이 현대화되는 세상에서 잘 살지 못하고 있기 때문이다. 나는 식물이 겪는 역경으로 책 전체를 도배하지 않기 위해 끊임없이 나 자신과 싸워야 했다.

이 장을 쓰는 지금도 전체 식물의 40퍼센트가 멸종의 위기에 처해 있고, 그 원인은 바로 인간이다. 많은 나라에서 삶의 수준이 높아지고 있으며 전 지구적으로 인간이 이보다 가깝게 연결된 적은 없다. 이는 대단한 업적이지만 그만큼 환경에 대가를 치르게 되었다. 기후 변화는 갈수록 악화되고 있다.

이런 점을 강조하며 각 장마다 인간을 질타하는 내용으로 끝맺을 수도 있었겠지만, 그렇다고 한들 도움이 될 것 같지는 않았다. 나쁜 소식은 중독성이 있게 마련이지만, 다른 메시지를 모두 배제한 채 좋지 않은 이야기에만 집중하는 것은 시린 이빨에 찬 공기를 불어 넣는 것과 같다. 분명히 문제는 있고 그로 인해 고통을 겪고 있음에도 상황을 바꾸기 위해 행동하는 일은 아무것도 없는 것이다.

나는 생명계가 처한 위험 앞에서 존재적 허무주의에 빠지기보다 실질적인 뭔가를 하고 싶다. 내가 식물의 현 상태에 관해 마지막 장에 와서야 이야기를 꺼내는 이유도 그래서이다. 식물을 주제로 한 팟캐스트 진행과 글쓰기 경험을 통해, 나는 소통에 관한 중요한 교훈을 배웠다. 인간이란 강요받고 암울할 때보다 격려 받고 고무되었을 때 더 적극적으로 나선다는 사실이다. 그래서 나는 책을 읽는 모두가 식물을 존중하고 돕고 싶다는 마음이 들게끔, 식물을 새로운 시각으로 보고 식물이 놀라운 생물임을 알게 하는 데에 집중했다. 비록 전망은 암울하지만 그럼에도 뭔가 할 수 있고 또 해야 함을 기억해야 한다. 우리 자신은 어디에 살든 식물의 상태에 직접적인 이해관계가 있다. 그래서 나는 이 책의 마지막 장을 단지 식물의 오늘을 불평하는 데에 할애하는 대신, 우리가 이 세상을 바로잡기 위해 어떤 일을 할 수 있을지 고민하는 시간으로 활용하고자 한다.

서식지 파괴는 생물 멸종의 가장 큰 원인이다. 번식할 터전이 없이 생물이 어떻게 살아가겠는가? 뉴스나 책, 인터넷에서 환경 파괴에 관해 이야기할 때 우리는 대개 잘려 나간 우림의 숲이나 캘리포니아와 오스트레일리아에서 화마가 집어삼킨 산의 이미지를 본다. 분명 저것들은 최악의 환경 파괴이다. 그러나 저런 극단적인 이미지는 환경 파괴의 심각성을 알리는 중요한 역할을 하면서도, 동시에 보는 사람으로 하여금 환경 파괴란 일개 개인이 개입하기에 너무 먼 곳에서 대규모로 발생한다는 인상을 주기 쉽다. 확실히 애팔래치아산맥의 아름다운 숲 한가운데 들어선 소규모의 주택 단지를 동남아시아 우림을 대체하는 대규모 기름야자 플랜테이션과 비교해서 생각하기란 쉽지 않다. 이런 식으로 최악의 최악에만 집중함으로써, 우리는 실제 주변에서 항상 일어나고 있는 환경 파괴를 간과하고 만다. 남아 있는 숲과 초원을 택지로 개발하고, 산비탈을 깎아 도로를 건설하고, 농지에 온

통 콩과 옥수수만 심는 행위가 그나마 남겨진 생물의 서식지까지 서서히 조금씩 제거하고 있음을 외면하게 한다.

심지어 '서식지 파괴'라는 용어조차 실제로 발생하는 일들의 미묘한 현실을 무시하게 만든다. 사람들은 자연의 서식지를 마치 사라지고 있는 어느 집 주소인 듯 말하지만, 실제로 서식지는 식물과 함께 존재한다. 즉 식물이 곧 서식지라는 말이다. 판다를 예로 들어 보자. 판다가 위험에 처한 것은 인간이 판다를 멸종 수준으로 사냥했기 때문이 아니다. 한때 중국 남부와 중부의 넓은 지대를 덮고 있던 대나무 숲을 베어 과거에 이 식물이 누렸던 영광을 작은 파편으로 쪼개 버렸기 때문이다. 알다시피 대나무는 판다 서식지의 주축일 뿐 아니라 이 동물의 주식이기도 하다. 식물학적으로 대나무는 나무가 아닌 풀이다. 그리고 전형적인 여느 풀처럼 지하의 뿌리줄기를 통해 복제 식물을 형성하여 번식한다. 전체 숲이 고작 몇 개체의 복제품으로 형성될 수 있다는 말이다. 또한 판다에게 필요한 대나무는 60~100년에 한 번씩 대숲의 모든 개체가 한 번에 꽃을 피우는 대형 개화 이벤트를 개최한다. 꽃을 피우고 씨를 맺은 다음 나무는 모두 죽어 버리고 대숲 전체가 몇 주 만에 사라진다. 인간이 판다의 서식지를 파편화하기 전에는 이런 대나무의 습성이 문제 되지 않았다. 새로운 대숲으로 이동하면 그만이었으니까. 하지만 이제는 그럴 수가 없다. 대숲이 꽃을 피우고 사라지면 그곳에 있던 판다는 더 이상 갈 곳이 없어 굶어 죽는다. 이제 대왕판다는 원래의 분포 영역에서 극히 일부 지역에만 남아 있다. 사육 상태에서의 번식 성공에도 불구하고, 야생에서 판다가 수를 회복할 서식지가 마땅치 않은 실정이다.

그나마 판다는 인간의 상상력을 자극하고 수백만 달러짜리 후원이라도 받는다. 대부분의 다른 생물은 그리 운이 좋지 못하다. 이런 패턴은 생명수의 모든 가지에서 계속해서 반복되지만, 그것을 알아채는 사람은 별로 없다. 1장에서 루피너스 식물과 카너 블루 나비의 예로 논의한 것처럼, 곤충과 같은 작은 생물도 제가 목숨을 의탁한 식물이 사라지면 버티지 못한다.

미국 중부를 살펴보자. 이곳에서 인간은 1억 7000만 에이커에 가까운 대초원을 고작 4퍼센트만 남기고 모조리 없앴다. 소를 먹이고 해외에 수출할 옥수수와 콩을 재배하기 위해서였다. 그 결과 한때 저 1억 7000만 에이커의 땅을 집으로 여겼던 식물들은 쟁기가 닿지 않은 극소수의 땅을 찾아 겨우 명맥을 유지한다. 오래된 공동묘지나 철길을 따라 간신히 초원의 흔적이 남아 있지만, 산불의 부족, 지나친 잔디 깎기, 부주의한 농약 살포가 그나마 남은 곳까지 없애고 있다. 그곳에서 식물이 사라지면, 그 식물을 먹이, 피난처, 번식지로 삼아 살았던 모든 생물이 함께 사라진다.

미나리과의 에링기움 이우키폴리움(*Eryngium yuccifolium*)이 자라는 곳에서만 서식하는 작은 갈색 나방 파파이페마 에링기이(*Papaipema eryngii*)가 좋은 예다. 방울뱀주인(rattlesnake master)이라는 일반명으로 불리는 에링기움 이우키폴리움은 인간이 일으킨 교란에 취약해 대초원에 쟁기를 꽂아 넣거나 가축 떼를 풀어놓자마자 서서히 사라진다. 이것은 나방에게 좋지 못한 소식인데, 그 애벌레는 오로지 방울뱀주인의 줄기만 먹고 살기 때문이다. 따라서 경관에서 방울뱀주인을 없애는 순간, 이 식물에 삶을 의탁한 나방까지 제거하는 셈이다. 이와 같은 일이 식물이 자라는 곳이면 어디에서나, 우리 가까이에서 일어나고 있다. 식물은 미생물과 곰팡이에서부터 곤충과 새까지 모든 유기체의 근간이 되므로, 식물 군집을 파괴하는 행위는 지구의 전 생물권에 파문을 일으키는 연쇄효과를 낳는다.

에링기움 이우키폴리움이 사라지면 이 식물에 삶을 의탁한 나방도 사라진다.

사진 출처 Krzysztof Ziarnek, Kenraiz / CC BY-SA 4.0 / 위키미디어 커먼스

종종 사람들이 이런 질문을 한다. "저건 그냥 벌레에 불과해. 무슨 생각이 있겠어?" 또는 "이건 고작 꽃 한 송이일 뿐이야. 그렇게까지 심각하게 생각할 필요는 없잖아?" 나는 이런 무지한 질문에 화가 났지만, 한 걸음 뒤로 물러서서 사람들이 왜 그런 생각을 하게 됐는지 생각해 보았다. 어릴 적 우리들은 생물에도 계층이 있고 인간은 그 사다리 꼭대기에 있다고 배웠다. 그리고 우리 밑에 있는 모든 것을 사다리 아래층에 둔다. 안타깝지만, 보이지 않고 들리지 않고 느끼지 않는 삶을 사는 식물은 대개 가장 낮은 위치를 차지한다. 이런 사고방식은 대체로 종교에서 시작했고, 의도적이든 아니든 태어나면서부터 주입되어 자연 세계를 보는 우리의 관점을 왜곡해 왔다. 그러나 그것은 올바른 관점이 아니다. 생물 다양성은 중요하며 이 상태를 유지하려면 식물이 필요하다. 종종 자연은 아날로그 시계이며 모든 동물은 시계를 움직이는 톱니라는 비유를 듣는다. 톱니를 잃을수록 톱니바퀴의 성능이 떨어진다. 톱니가 너무 많이 사라지면 서서히 기능을 잃어가다 마지막으로 똑딱 하고 멈춘다. 그런데 여기에서 동물이 톱니라면, 식물은 톱니가 달린 톱니바퀴다. 굳이 시계학자가 아니더라도, 아날로그 시계에서 톱니바퀴가 없으면 시계가 작동하지 않는다는 것쯤은 누구나 안다.

서식지 파괴와 함께 침입종도 문제가 된다. 외부에서 들어온 비자생 동식물은 지구 전역에서 멸종을 부추기는 두 번째 주요 원인이다. 사람들은 침입종의 역할을 두고 크게 논쟁하지만 데이터를 속일 수는 없다. 어떤 생물을 한 번도 살아 본 적 없는 곳으로 옮기거나, 토종 생물에게 전에 없던 유리한 여건이 주어질 때 그 생물들이 어떻게 행동할지는 알 수 없다. 과학자들은 무엇이 어떤 종을 어느 지역에서는 침입종으로 만들고 어느 지역에서는 그렇지 않은지 알아내느라 수

십 년을 보냈다. 그러나 절대적인 원인은 없었다. 하나의 답으로 압축하기에는 가능한 설명이 너무 많다.

예를 들어 화학 무기를 장착한 마늘냉이 같은 식물은 날씨가 좋은 신대륙에 도착하는 순간 바로 침투하기 시작했다. 또 북아메리카 남서부에서 가축의 사료로, 또 토양 침식을 막고자 도입된 여우꼬리가시풀(*Cenchrus ciliaris*) 같은 식물은 불에 익숙하지 않은 식생에서 물을 빼앗고 들불을 부추기는 능력 덕분에 성공했다. 처음에 여우꼬리가시풀은 소노란 사막 등지에서 재빨리 번식한 뒤 원래는 맨땅이었던 땅을 점령했고, 선인장, 오코틸로(ocotillo), 크레오소트(creosote) 주위의 빈터를 채웠다. 들불은 작은 불꽃으로 시작되었고, 그 결과 발생한 불이 모든 것을 태웠다. 그러나 그 지역 자생식물과 달리 여우꼬리가시풀은 빠르게 회복했고 그러면서 토종 식생이 있던 자리까지 독차지했다. 이렇게 여우꼬리가시풀은 생태계 전체를 자신에게 유리하게 바꿨는데, 이런 침입종이 이 종만은 아닐 것이다. 우리는 침입종의 역할을 심각하게 받아들이고 외래종을 도입할 때 신중해야 한다.

식물을 괴롭히는 또 다른 문화적 문제는 식물의 유용성이다. 아프리카 사바나에서 지내던 그때부터 인류는 식물을 먹이, 약, 연료, 건축 재료로 사용해 왔다. 물론 이것은 칭찬할 만한 일이지만 현대 문화는 마치 인간에게 쓸모가 있는 식물만이 흥미로운 것인 양 사람들의 사고방식을 왜곡하는 데 앞장서왔다. 자라면서 내가 식물에 관해 들은 유일한 메시지는 식물의 의학적 또는 요리 재료로서의 가치뿐이었다. 환경 보호의 지배적인 화두조차 "우림을 구해야 한다. 그곳에서 신약을 찾게 될지도 모르니까!"였다. 그러나 지금까지 나는 이 메시지가 효율적이라는 증거를 보지 못했다.

같은 맥락에서 연로한 박물학자들은 사람들을 숲으로 데리고 가서 식물의 치유력에 대한 장광설을 늘어놓거나 자신이 좋아하는 초본을 채취한 이야기에 심취하다가 결국 요새는 그런 식물들을 찾기 어렵다는 한탄으로 끝을 맺는다. 이들에게 꽃이 왜 그런 형태인지, 그 꽃이 어떤 곤충을 먹여 살리는지 등 한 식물의 생태에 관해 물어보면 아마 무표정하게 돌아볼 것이다. 지역의 자연 단체는 개구리의 번식 습관, 조류의 이동 패턴, 어떤 포유류가 동면을 하는지 안 하는지 등에 관한 생태 프로그램을 끝없이 주최하지만, 식물에 관해서는 나물 캐기, 약초 이용법, 메이플 시럽 만들기 행사가 고작이다. 마치 어떤 신적인 존재가 우리한테 잘 이용하라고 갖다 놓은 물건처럼 식물을 대해 왔다. 그러나 식물이 육지에서 4억 5000만 년이나 살아 온 반면, 인간은 30만 년이 전부이다. 식물을 유용성의 맥락에서만 논함으로써 우리는 식물을 그토록 흥미롭게 만드는 0.07퍼센트에만 집중하고 있다.

물론 식물은 유용하며 그 점은 높이 사야 한다. 그러나 인간이 식물을 어떻게 써먹을 수 있는지에만 초점을 두는 것은 위험하다. 이는 식물이 인류의 이익을 위해서만 존재하며, 환경에서 식물을 추출하고 활용하는 것이 자연과 연결되는 훌륭한 방식이고, 그것이야말로 식물이 존재하는 이유라고 가르치기 때문이다. 나는 사람들이 식물을 얼마나 무시하는지 직접 보고 들어 왔는데, 분명 이와 같은 사고방식이 밑바탕에 있을 것이다. 식물을 채집하는 강좌가 늘고 있고, 내 모든 강연이나 글은 대부분 그중에 먹을 수 있는 게 있는지 확인하는 사람들의 질문으로 이어진다. 물론 나도 인간이 대규모 공장식 농업에 덜 의존하는 것을 바라지만, 자연이 현대 사회의 필요를 모두 지원할 수 있는 것처럼 행동하는 것은 좋게 봐야 엉뚱한 것이고 실제로는 생태계의 건강에 위협이 된다. 매년 지구의 자연 지역이 전보다 몇 배씩 줄어드는 상황에서, 자연이 식료품점의 커다란 저장창고인 것처럼 부추겨서는 안 된다.

식물을 하나의 유기체로 인정하지 않는 것은 생태계 전체를 해칠 수 있는 복합적인 문제이다. 나는 어린 시절 우리 집 근처에 있던 숲 한 구석을 기억한다. 그곳에는 부추속의 램프(*Allium tricoccum*)와 족도리풀속의 야생생강이 풍성하게 자라고 있었다. 그런데 어느 주말, 일단의 채집자들이 그 장소를 발견했고 두 식물을 좋아라 하며 캐 갔다. 식물을 캐라고 개방된 곳이 아니었으나 아랑곳하지 않았다. 그 다음부터 사람들이 찾아왔고, 램프와 야생생강이 뒤덮던 그 땅을 온통 헤집으며 통째로 뽑아가 버렸다. 이듬해 그 땅에서 두 식물은 자라지 않았다. 그 자리는 교란된 땅에서 유독 잘 자라는 침입성 배춧과 식물인 마늘냉이와 헤스페리스 마트로날리스(*Hesperis matronalis*)가 차지했다. 공짜 식재료를 채집하기 좋은 장소였던 곳이 주변의 모든 종을 위협하는 침입종 핫스폿으로 변해 버린 것이다. 물론 모든 식물 채취가 불법인 것은 아니지만, 식물은 동물과 같은 지위를 부여받지 못했기 때문에 이런 일이 더 자주 일어난다.

미국에서 식물을 보호하기 위해 법이 하는 일은 거의 없다. 인삼처럼 귀한 종을 공유지에서 채취하려면 허가증을 발급받아야 하지만, 불법 채취를 규제하기는 극도로 어렵다. 토지 소유자의 허가만 얻으면 되는 사유지에서는 상황이 더 좋지 못하다. 사냥철이 아닐 때 흰머리수리를 쏘거나 흑곰을 사냥하면 벌금형, 심지어 징역형까지 받게 된다(당연히 그래야 한다). 하지만 멸종 위기에 처한 식물의 마지막 개체를 캐더라도 보호는커녕 누구도 눈치 채지 못할 것이다. 그레이트 스모키 마운틴 국립공원처럼 규제가 심한 곳에서 인삼을 몰래 채취하다가 붙잡혀서 벌금을 받았다는 사람들의 이야기를 들은 적이 있지만, 국립공원은 자연 지역의 극히 일부에 불과하다. 식물 서식지의 대부분은 비도덕적 행위가 너무 자주 공공연하게 일어나는 사유지에 있다.

식물 밀거래는 규모가 큰 사업이지만 그동안 거의 주목받지 못한 게 사실이다. 밀렵이라고 하면 대개 자동적으로 코끼리의 상아, 상어의 지느러미, 코뿔소의 뿔, 천산갑의 비늘 등을 떠올린다. 그러나 이런 물품의 밀거래가 자단나무 같은 식물의 밀거래와 비교했을 때 새 발의 피에 불과하다면 믿겠는가? 사실 자단 같은 황단나무속(*Dalbergia*) 나무는 밀거래가 가장 심한 야생 상품이다. 진한 장밋빛 색조와 기분 좋은 향기 때문에 특히 동양권에서는 고급 가구를 제작할 목재를 찾아 사람들이 말도 안 되는 가격을 지불한다. 그 바람에 과테말라, 아프리카, 마다가스카르 같은 장소에서 불법 벌목이 횡행한다. 늘어만 가는 목재 수요를 충족시키려고 나무가 걱정스러운 수준으로 잘려나가고 있다. 과테말라 우림에서 이 나무는 더는 개체군을 이루지 못한다. 그저 몇몇 개체가 흩어져 자랄 뿐이고, 그나마도 너무 작아 목재 가치가 없는 것들이다. 자단의 불법 벌목이 가져오는 피해는 나무를 넘어선다.

대부분의 벌목은 주변 생태계나 거기에 의존하는 사람들의 운명은 신경 쓰지 않고 불법적으로 이루어진다. 벌목으로 인해 숲에 큰 틈이 생기면서 비바람에 노출되고, 마다가스카르 숲의 경우 저런 지역은 빨리 말라붙어 대형 산불이 일어날 가능성이 커진다. 또 나무를 제거하면서 그 나무에 몸을 의탁했던 종들을 해친다. 다 자란 자단나무는 마다가스카르의 상징적인 많은 야생 동물에게 식량과 피난처를 제공해 왔다. 자단나무나 목도리여우원숭이 같은 멸종 위기종이 단지 누군가가 장밋빛 색깔의 나무 의자에 앉고 싶기 때문에 절멸 직전까지 몰리고 있다는 사실은 상처에 소금을 뿌리는 격으로 쓰라리고 화나는 일이다.

북아메리카에서는 인삼과 골든씰(*Hydrastis canadensis*) 같은 식물이 국내와 해외의 약초 시장에 내다 팔기 위해 숲에서 사라지고 있다.

언젠가 애팔래치아산맥에서 수년간 산삼의 개체군 역학을 연구한 산삼 생물학자와 얘기를 나눈 적이 있는데, 그는 자신이 연구하던 식물이 하룻밤 사이에 커다란 구멍만 남기고 몽땅 사라진 경우가 수도 없이 많다고 했다. 매년 수백만 개체가 불법으로 채취된다. 이제는 그 수가 점점 줄어 두 종 모두 원래 분포 지역에서 대부분 위험한 상태이거나 멸종 위기에 처했다. 이런 이야기는 특별한 것도 아니다. 그나마 인삼과 골든씰은 사람들의 관심이라도 받지만, 다른 종들은 그리 운이 좋지 못하다. 실꽃풀속의 카마일리리움 루테움, 수정난풀, 서양승마 같은 식물을 몰래 캐 가는 사람들로 숲이 늘상 파헤쳐지지만 아무도 알지 못한다.

식물의 불법 채취는 약효나 식재료의 가치가 있는 종에 제한되지 않는다. 수많은 식물이 단지 아름답거나 귀하다는 이유로 살던 곳에서 뽑혀 나간다. 인간의 수집욕을 절대 과소평가해서는 안 된다. 나 자신도 열렬한 식물 수집가이긴 하다. 정원 가꾸기에 관한 집착 때문에 나도 계속 새롭고 흥미로운 종을 찾아다녔다. 그러나 적어도 나는 야생에서 식물을 캐 오는 일은 하지 않겠다고 스스로 다짐했다. 종자를 수집해도 된다는 허락을 받은 경우가 아니라면 내가 기르는 모든 식물은 믿을 수 있는 지인이나 평판이 좋은 종묘상에서 구한 것이다. 하지만 모든 수집가가 이렇다고 말할 수는 없다. 탐나는 종을 손에 넣기 위해 무슨 일이든 하는 사람들이 있다. 아주 많은 식물학자가 내게 이런 식의 말을 했다. "자연 산행을 이끌면서 사람들을 난초가 있는 곳으로 데려가곤 했는데 지금은 그 일을 하지 않습니다. 나중에 다시 가서 싹 다 캐 가는 인간들이 꼭 있더라고요."

난과 식물은 지구에서 불법 채취가 가장 많이 되는 식물이다. 그 아름다움과 신비로움이 몰락의 원인이 된다. 귀한 난일수록 더 많은 이들이 원한다. 난초의 밀렵이 비극적인 가장 큰 이유는 이 식물을 원래 살던 곳에서 캐내어 이식한다는 것은 대개 사형선고나 마찬가지기 때문이다. 앞에서 이야기했지만 난은 싹을 틔우고 자라는 과정에 곰팡이 상리공생체가 필요하다. 이 관계는 대개 성숙기까지 지속되는 일이 많고, 난은 평생 곰팡이가 제공하는 양분에 의존해서 산다. 이 식물을 파내는 것은 컴퓨터에서 전선을 뜯어내는 것과 같다. 모든 균사가 끊어지면서 저 식물에 생기를 주는 연결이 절단된다. 대단히 이상적으로 준비된 장소에 이식되지 않는 한 공생하는 곰팡이가 없는 그곳에서 식물은 죽을 것이다. 단지 자신의 컬렉션에 귀하고 예쁜 꽃을 추가하고 싶은 누군가의 열망 때문에 수십 년 자라고 꽃을 피운 식물이 한순간에 사라지는 것이다.

난초의 불법 채취가 너무 심각해서 종을 보호하려는 남다른 노력이 이루어지는 경우가 있다. 예를 들어 영어권에서 '아가씨의 슬리퍼'라는 이름으로 알려진 노랑복주머니란(*Cypripedium calceolus*)을 예로 들어 보자. 이 멋진 식물은 유럽과 아시아 전역에서 자생하지만 수가 점점 줄고 있다. 서식지 파괴와 침입종이 가장 큰 위협 요소이지만 불법 채취 또한 이 식물이 귀해지는 큰 원인이다. 그러나 노랑복주머니란의 불법 채취는 최근 현상이 아니다. 영국에서 난초의 불법 채취는 빅토리아 시대 때부터 본격적으로 시작되어 대중의 수요를 채우기 위해 야생의 땅이 무자비하게 파헤쳐졌다. 유럽 대륙에서는 이 폭풍을 어느 정도 견뎌 낼 수 있었지만, 영국 개체군은 운이 좋지 못했다. 수십 년 동안 절멸의 공포를 겪다가 1930년대에 개체 하나가 다시 발견되었다. 이 식물은 현재도 꽃을 피우고 있지만 탐욕의 손이 이곳에 닿지 못하게 하려고 특히 개화기에는 무장 경호원이 지키고 있다.

이와 비슷하게 소철 수집도 상당한 시장을 형성했다. 수집가들

서식지 소실과 불법 채취는 노랑복주머니란 같은 난과 식물의 개체 수에 처참한 영향을 준다.

은 희귀 우표나 동전을 모으듯 이 귀하디귀한 식물을 구하려고 쟁탈전을 벌인다. 안타깝게도 소철은 멸종이 일순위로 예상되는 집단이며, 이는 사람들이 잘 모르는 비극적인 통계이다. 다른 수많은 식물처럼 소철은 지구에서 긴긴 세월을 버티며 여러 차례 이어진 대멸종 사건에도 살아남았으나, 땅이 필요하고 수집 성향이 강한 털 없는 유인원의 희생양이 되고 있다. 소철이 비싸게 거래되다 보니 야생에서는 물론이고 식물원에서 키우는 개체마저 절도 대상이 되는 형편이다. 최근 남아프리카 공화국 케이프타운의 커스텐보쉬 국립식물원에 도둑이 침입해 두 번에 걸쳐 소철 24그루를 훔쳐 가는 일이 있었다. 대부분 엥케팔라르토스 라티프론스(*Encephalartos latifrons*)라는 야생에서는 고작 80개체밖에 남지 않은 종이었다. 도난당한 식물은 절멸의 위기에 처한 이 종의 미래에 매우 중요한 희망이었으나, 이제 사라져 버렸다. 이후 식물원은 보안을 강화했지만 거기에도 한계가 있었다. 소철은 아프리카에서 여느 동물 못지않게 열악한 상황에 처했으나 이 식물의 고난이 머리기사를 장식하는 일은 없다. 소철 같은 식물을 연구하고 보전하는 관심과 지원이 부족하다는 것은 이 생물의 암거래가 성행할 거라는 뜻이기도 하다. 식물 범죄를 조사할 비용이 없으면 문제의 규모조차 파악하지 못한다.

이 모든 문제의 핵심에 서식처 파편화가 있다. 불법 채취 같은 야생에서의 범죄는 건강한 식물 개체군이 형성될 수 있는 커다란 서식지만 있다면 훨씬 문제가 가벼워질 것이다. 그러나 인간은 영역을 확산하며 새로운 땅을 정복하고 그 과정에 천연자원을 고갈시키기를 좋아한다. 이 행위의 결과는 완전한 파괴를 일으키기도 하지만 차마 자연이라고는 말할 수 없는 조각난 야생 공간을 남긴다.

생태학 수업을 들은 적이 있다면 섬 생물지리학 개념을 알지도

야생에서는 고작 80개체밖에 남지 않아 멸종 직전에 놓인 엥케팔라르토스 라티프론스.

모르겠다. 1967년에 로버트 맥아더와 E. O. 윌슨이 주창한 섬 생물지리학은 자연적으로 격리된 군집에 관한 학문으로, 생물 다양성을 이해하는 한 방법이 될 수 있다. 처음에는 해양의 섬을 설명하는 원리와 개념이었으나, 덕택에 제한된 크기의 땅이 얼마나 많은 종을 뒷받침하는지 정확히 예측할 수 있게 되었다. 그래서 나중에는 산봉우리나 독특한 토양 지대에서 발견되는 고립된 자연 군집 등 모든 종류의 군집에 확장되어 적용되었다.

섬 생물지리학의 근본 원리는 매우 간단하다. 생물 다양성은 유입과 멸종의 함수이다. 한 지역 안에서 유입은 종 수를 늘리고 멸종은 감소시킨다. 섬의 규모가 클수록 유입의 속도가 멸종보다 빠르다. 땅이 넓어 더 많은 종을 부양할 수 있기 때문이다. 반면 섬의 크기가 작을수록 멸종 속도가 빠르고 남아 있는 종 수가 더 적다. 같은 법칙이 육지의 격리된 지역에도 적용된다. 땅이 격리될수록 생물이 그곳까지 도달하기 어려워 유입의 속도가 더디어진다. 그 반대도 마찬가지이다.

어떤 서식지든 조각을 내어 파편화하는 것은 고립된 섬을 만들고 있는 것과 같다. 파편이 작아질수록 그 안에서 살아갈 수 있는 종 수도 적어지고, 파편이 고립될수록 감소한 생물 개체군이 충전될 기회도 줄어든다. 안타깝게도 현재 남아 있는 넓은 야생 지대에서도 점차 종이 사라진다는 증거가 있다. 다양한 서식지가 서로 연결되지 않는 한, 그 안에서 죽어가는 종이 대체되는 일은 없을 것이다.

이는 특히 종자 산포 능력이 제한된 작은 식물에게 치명적이다. 예를 들어 여로과의 연령초속(*Trillium*) 식물은 개미를 이용해 종자를 퍼트리는데, 이 개미는 숲의 축축한 하층 식생에서 벗어나면 살아남지 못한다. 어느 작은 숲에 살고 있는 개미가 연령초의 씨를 들고 방대한 농경지와 잔디밭을 가로질러 다른 숲으로 갈 리가 만무하다. 따라서 저 고립된 지역에서 연령초 개체군은 그 안에 사는 개미들의 도움으로 자기들 안에서 번식을 해결해야 한다. 물론 이 식물이 숲을 전부 차지할 수도 없는 노릇이고 시간이 지나면 근친교배도 문제가 된다. 격리된 숲에 있는 연령초가 장시간 그 안에서만 수분한다면 마침내 모든 식물이 피를 나눈 인척 관계가 되어 유전자 풀이 작아지고 그럴수록 식물은 만일의 상황에 취약한 상태가 된다.

한 종을 멸종시키기 위해서 꼭 모든 개체를 없애야 하는 것은 아니다. 그 종이 제대로 기능하지 못하는 수준까지만 수를 감소시키면 된다. 근친교배가 한 방법이다. 비록 일반화하기 어려운 영역이긴 하지만, 유전 다양성은 대체로 자연 시스템의 탄력성에 중요한 구성 요소로 여겨진다. 개체군 안에서 유전 다양성이 높으면 적어도 그중에 어떤 개체는 해충, 질병, 기후 변화 등의 공격을 극복하는 데 필요한 유전자를 갖고 있을 가능성이 크기 때문이다. 북아메리카의 물푸레나무속 나무를 걱정하는 것도 그 부분이다. 아시아에서 도입된 침입성 딱정벌레, 서울호리비단벌레의 식습관으로 인해 북아메리카는 이미 수백만 그루의 물푸레나무를 잃었다. 더 무서운 점은 저 모든 나무가 불과 10년 사이에 사라졌다는 점이다. 서울호리비단벌레 침투의 첫 번째 신호가 보고된 것이 2002년 미시간에서였는데, 현재 이 벌레는 미국 35개 주와 캐나다 5개 주에서 발견된다. 이 벌레의 확산을 막기란 극도로 어렵다. 이대로라면 10년 안에 북아메리카에서 물푸레나무가 사라질지도 모른다. 유일한 희망은 이 벌레가 침투해도 버티고 있는 소수의 나무이다. 저 나무들이 진짜로 저항력이 있기를 바란다. 그 유전자가 언젠가는 이 멋진 나무의 영광을 복원할 물푸레나무 번식 프로그램의 근간이 될지도 모르기 때문이다.

유전 다양성과 서식지의 관계는 기후 변화 시대에 극도로 중요

방대한 개발로 야생 지역이 파편화되면서 생물 다양성이 줄어들고 있다.

하다. 물론 기후는 과거에도 변화해 왔다. 그러나 역사적으로 지구 차원에서 기후는 오랜 시간에 걸쳐 서서히 달라졌다. 수천 년이라는 시간 그리고 방대한 서식지 덕택에, 식물을 비롯한 생물들은 새로운 날씨에 적응하고 익숙해질 가능성이 훨씬 컸다. 하지만 인간이 무대에 등장한 이래로 세상은 끔찍하게 달라졌으며, 놀랍게도 이 변화의 대부분이 고작 한 세기 남짓한 시간에 일어났다. 우리가 생태계와 기후를 바꾸는 속도는 전례가 없다. 이제 변화의 단위는 천 년이 아닌 인간 한 세대로 측정된다.

기후 변화를 둘러싼 문제를 전달하는 가장 큰 어려움의 하나는 우리가 그것을 현재 '일어나고 있는' 일이 아니라 '일어날' 일로 취급한다는 데 있다. 매주 나는 자연과 식물 세계를 이해하기 위해 관련 학계 사람들과 모임을 가지는데, 그들 모두 비슷한 의견을 공유한다. 그중 내가 정말로 큰 충격을 받았던 적이 있는데, 남아메리카 열대림에 서식하는 나무를 연구하는 생태학자 켄 필리 박사와의 대화에서였다.

필리는 기후 변화가 인간의 영향력이 거의 없는 지역에 어떤 영향을 끼치는지 연구하기 위해 안데스산맥의 오지로 갔다. 필리 박사 연구팀은 이 깊숙한 정글의 열대 나무 군집이 기후 변화에 영향 받았다는 증거를 발견했다. 연구지를 장기간 모니터하는 동안 원래 더 따뜻하고 더 낮은 고도의 숲에서 서식하던 종이 산의 위쪽으로 이동하기 시작한 것이다. 마치 선호하는 기후대를 뒤쫓아 가는 것 같았다.

한 산맥의 기후대는 바닥의 가장 따뜻한 지역에서 꼭대기의 가장 시원한 곳까지 층층이 쌓인 일련의 고리로 그릴 수 있다. 기후가 변해감에 따라 이 지대가 위로 이동하면서 각기 다른 고도에 사는 종을 강제로 올라가게 하거나 밑에서 올라온 종에 의해 떠밀려 가게 한다. 이것이 바로 안데스산맥에서 일어나는 일이다. 이런 산간벽지의 긍정적인 면은 인간이 거의 손대지 않았다는 점이다. 식물은 산 위로 이주하면 된다. 그러나 인간이 개발한 지역에서는 그렇지 못하다. 내 연구지가 있는 애팔래치아산맥 남쪽 지역에서도 식물이 기후 변화에 대응하는데, 그 과정에서 이 식물은 인간이 만든 기반 시설과 충돌한다. 채굴, 경작, 벌목, 주택 개발이 모두 기후 변화로 인해 더 좋은 조건을 찾아 떠나는 식물에게 심각한 장벽이 된다. 숲의 하층부에 사는 초본이 더 큰 타격을 받는다. 산포 능력이 좋지 못한 종들은 부담을 주는 새로운 기후를 무방비 상태로 맞닥뜨리면서 다가올 몇 십 년 동안 재앙을 겪을 것이다. 이 식물들이 생존할 일말의 희망을 품고자 한다면 어떻게 해서든 그 자리에서 적응해야 하지만 어떤 식물이 의연히 대처하고 어떤 식물은 그러지 못할지 전혀 알지 못한다.

다시 한번 말하지만 여기에서도 유전 다양성이 핵심이다. 식물의 조상도 변화에 낯설지 않았다. 아마도 일부 종의 유전자 코드에는 변화에 순응하고 적응하는 청사진이 새겨져 있을 것이다. 그러나 잘려 나간 숲, 석탄을 캐기 위해 폭파되어 흔적도 없이 사라진 산꼭대기, 잔디밭으로 거듭난 초원은 한때 그곳에 살았던 모든 식물의 서식지와 유전 다양성을 대체한다. 남아 있는 전부가 고작 소수의 고립된 개체군이라면, 그 종을 한계 밖으로 밀어내는 데 큰 힘이 들지 않을 것이다. 만약 저 개체군의 대부분이 유전적으로 균일하다면 모두 똑같이 변화에 취약할 수밖에 없다.

이 문제가 낙담스럽긴 하지만, 우리가 할 수 있는 일은 분명 있다. 전 세계의 정부가 정신을 차리고 제대로 일을 할 때까지는 시민이 나서는 길이 최선이다. 생각은 국제적으로, 행동은 지역적으로. 왜냐하면 각자가 사는 지역이야말로 행동을 실천할 수 있는 곳이기 때문이다. 우리가 가장 먼저 해야 하는 중요한 일은 야생 공간을 보호하는 것이다. 단지 공원을 지키라는 게 아니다. 거리 끝의 버려진 공터, 할아버지 집 뒤의 작은 숲, 동네 철길 옆 초지가 모두 해당한다. 그런 곳을 잡초를 뽑고 개발해야 할 땅이 아닌 생물의 서식지로 보기 시작해야 한다. 물론 그곳에 늑대나 퓨마가 살 수는 없다. 그러나 분명 다른 형태의 생물이 살 수는 있다. 예를 들어 미국흰참나무 한 그루는 수백 종의 곤충에게 먹이와 피난처를, 그리고 도마뱀과 새들에게 먹이를 제공한다. 크기가 보잘것없다고 하여 그 영향력을 무시하면 안 된다. 일리노이주 같은 곳에서는 이미 그렇게 잘게 남은 땅이 전부이며, 그런 공간들은 식물과 동물에게 안전한 낙원이 될 뿐 아니라 이 복잡한 퍼즐을 다시 맞추는 데 필요한 조각을 제공할 수 있다.

거주하는 동네에 토지 보호 협회가 있다면 어떤 방식으로든 후원했으면 한다. 꼭 지갑에서 돈을 꺼내야만 되는 것은 아니다. 경제적 여유가 없다면 돈 대신 시간을 기부할 수도 있다. 지역의 모니터링 자원봉사나 외래식물 제거 활동에 참여하거나 그것도 아니면 협회의 활동 소식을 널리 알리고 전할 수도 있다. 게시판이나 SNS에 공유하고 가족과 지인에게 알리고 함께 봉사하도록 권한다. 만약 가까운 곳에 토지 보호 협회가 없다면, 자생식물 협회라든지 자연환경 보전협회 등 지역의 다른 자연 또는 환경 단체 활동에 참여하는 것도 좋다. 이런 단체는 대중의 지원을 받아 운영되며 내 생각에 이들이야말로 환경을 위해 가장 중요한 일을 하는 사람들이다. 작은 땅이라도 개발되지 않게 막는다면 적어도 그곳에는 생명이 남아 있을 테니까. 생태적 기능까지 복원하려면 도움이 필요하겠지만, 플라스틱이나 그 밖의 쓸모없는 것들로 가득 찬 또 다른 상점보다는 '잡초'가 가득 메운 휴한지를 보는 편이 나을 것 같다.

물론 서식지를 보호하는 것으로는 충분하지 않고 복원하는 단계까지 가야 한다. 생태 복원의 과학은 아직 시작 단계에 있지만 그렇다고 멈춰서는 안 된다. 과학 발전의 느린 속도에 맞춰 기다렸다가 나설 시간이 없다. 그 과정에서 배울 기회를 놓치지 않으면서 가능한 한 많은 서식지를 복원해야 한다. 당연히 실수와 실패도 있겠지만 그냥 넋 놓고 있는 것보다는 낫다. 뒷받침할 데이터가 필요하다는 이유로 멈춰 있어서는 안 된다. 얼른 움직여 일을 시작해야 한다. 서식지 복원은 정원 가꾸기와 비슷한 면이 있어서 어떤 곳에서는 성공하고 어떤 곳에서는 실패한다. 한 복원지에서 잘 자라던 식물이 다른 곳에서는 애를 먹일 수 있다. 그런 게 생명이다. 생명체는 복잡하고 변덕스럽고 이해하기 어렵지만, 그럼에도 이런 노력이 반드시 필요하다.

내가 사는 일리노이주 주택 작은 뒤뜰보다 이 사실이 더 잘 드러나는 곳은 없다. 우리 집주인은 내가 원하는 것은 무엇이든 심어도 좋다고 허락한, 아주 보기 드물게 너그러운 분들이다. "전보다 나빠지지만 않는다면 괜찮으니 원하는 대로 하시오"가 정확한 워딩이었지만. 그로부터 6년 뒤, 우리 집은 내가 씨를 받아다 기르고 친구들과 교환한 대초원 식물로 둘러싸였다. 전에는 잔디밭이 전부였던 곳에 이제는 다양한 꽃들이 매년 여름 오색찬란하게 뒤뜰을 색칠해 무한한 기쁨을 주고 있다. 이들도 우리의 노력에 반응한 것이다.

이곳에 이사를 오고 첫 2년 동안에는 뒤뜰에서 제왕나비 같은 나비는 거의 보지 못했다. 잔디로 채워진 마당은 곤충에게 주는 게 없다. 하지만 이제 구석구석 관백미꽃이 있으니 제왕나비가 알을 낳을 곳이 있다. 그 알이 부화해 관백미꽃 잎을 먹고 애벌레가 되면 관백미꽃 속의 키낭큼 라이베(*Cynanchum laeve*)의 줄기가 뒤엉킨 덩굴 안에서 번데기가 될 장소를 찾는다. 그리고 성충이 되면 리아트리스 아스페라(*Liatris aspera*)의 꽃꿀을 마음껏 즐긴다. 가장 놀랐던 순간은 몇 년 전 쥐방

한때 잔디밭이었던 곳에 이제 자생식물이 자리 잡아 다양한 생명을 부양하고 있다.

울덩굴호랑나비가 처음 모습을 나타냈을 때였다. 이 나비의 애벌레는 쥐방울덩굴과 식물의 잎만 먹고 산다. 이곳에 이사한 직후, 나는 동네에서 자생식물을 기르는 한 사람에게서 쥐방울덩굴속의 아리스톨로키아 토멘토사(*Aristolochia tomentosa*)를 몇 포기 사서 심었는데, 잘 자라서 울타리를 장악했다. 내가 아는 한 이 근방 몇 킬로미터 안에 쥐방울덩굴은 우리 집 마당에서밖에 자라지 않는다. 나는 교외의 황무지에 살고 있고 이웃 중에 식물을 제대로 기르는 사람은 없다. 이 나비가 어떻게 잔디와 콘크리트 바다 한가운데에서 용케 이 덩굴을 찾아왔는지 알 길은 없지만, 어쨌든 매년 작고 통통한 애벌레가 오물오물 잎을 먹는 모습을 보면 마냥 행복하다. 이 식물이 없었으면 저것들이 어디에서 뭘 먹고 살았을지 모르겠다.

집에 뒤뜰이나 정원이 있어야만 생명의 복원에 참여할 수 있는 것은 아니다. 화분을 둘 수 있는 창문이나 발코니만 있어도 생활에 식물을 들여올 수 있다. 다만, 그럴 때 되도록이면 자생식물을 활용하면 더 좋겠다. 토종 식물이 토종 동물을 길러 낼 수 있다. 화분 몇 개에 심어 놓은 자생식물이 자생 동물을 부양한다. 몇 개의 화분에 심은 에키나시아나 관백미꽃이 콘크리트와 아스팔트 천지인 경관에서 분투하는 곤충과 새에게 무엇을 줄 수 있을지 상상해 보라. 만약 산나물을 즐겨 먹고 약초를 채집한다면 야생에서 자라는 식물에 부담을 주는 대신 직접 길러 보는 것도 좋을 것이다. 그렇게 하면 자연이 받을 압박을 줄이고 또 식물이 잘 자라면 다른 사람들도 이용할 수 있다. 벼룩시장에 내다 팔거나 가족이나 친구에게 나누어 줄 수 있으니 말이다. 자생식물을 기르고 싶어도 구할 수 없어서 마음을 접는 경우가 많다.

그리고 무엇보다 우리가 식물과 환경 전체를 위해 할 수 있는 최고의 일 중의 하나는 잔디밭을 최대한 없애는 것이다. 잔디를 유지하는 것은 경관을 불모지로 만드는 것과 같다. 잔디의 생태학적 기능은 토착종으로 채워진 정원에 비하면 제로에 가깝다. 집의 뒤뜰에 잔디가 있다면 일부를 정원으로 바꾸자. 그중 일부는 아예 자연으로 돌아가게 해 주면 더 좋다. 뒤뜰의 일부를 '재야생화' 하되 틀을 잡아줄 수는 있다. 모든 식물이 알아서 자라게 두기보다 그 지역 야생화의 씨를 뿌리거나 격려하여 토종 식물이 자리를 잡게 하고, 공격적인 비자생 식물은 제거하는 것이다. 그렇게 틀을 마련해 준 다음 뒤뜰의 땅으로 돌아올 야생을 즐겨 보자. 만약 그렇게 적극적으로 나설 여건이 안 된다면, 그저 잔디 관리를 조금 게을리 해도 좋다. 연구에 따르면 잔디를 깎는 주기를 조금 늘리거나 잔디 깎는 기계의 날을 몇 센티미터만 높여도 그곳을 배회할 자생 벌과 나비에 큰 차이가 생긴다고 한다.

또한 지역 사회에서 목소리를 내야 한다. 물론 지나치게 성가시게 또는 전투적으로 굴 필요는 없다. 그러나 정원은 좋은 것이고 토종 식물은 잡초가 아니라는 사실을 주변에 알리는 일이 하나의 시작이 될 수 있다. 무엇보다 중요한 것은 상대의 수준에 맞춰 말하는 것이다. 복잡한 데이터나 전문용어를 들먹이며 공격해선 안 된다.

사람들에게 토종 식물 정원이 지저분한 공터처럼 보이지 않음을 보여주자. 땅에 자라는 나무가 드리우는 그늘 덕분에 난방비를 얼마나 절약했는지 알리거나, 잔디 깎기를 소홀히 하는 것이 시간과 돈을 얼마나 아끼는지를 증명할 수도 있다. 공공 모임에 나가서 지역 공원을 어떻게 관리해야 하고 어떤 종류의 나무를 심는 게 좋을지 의견을 내는 것도 가능하다. 대개 그런 모임에 참석해서 제 목소리만 높이는 사람치고 환경 의식이 뛰어난 경우는 별로 없다. 그만큼 변화가 필요하다. 모든 시에서 열리는 회의는 생태학을 중심으로 좀 더 합리적이고 과학에 기반한 의견을 필요로 한다.

결국 내가 말하고 싶은 것은 우리 각자에게 모두 선택권이 있다는 것이다. 분노하고 인터넷에서 기사나 밈을 공유하는 걸로는 임박한 생태적 재난에서 벗어날 수 없지만, 일어나서 뭔가를 한다면 가능하다. 그저 키보드 전사로 시간을 허비할 여유가 없다. 우리는 행동을, 그것도 지금 당장 행동해야 한다. 남동부 대초원 보전 협회에 있는 내 친구가 말하듯이, "25년 뒤면 너무 늦는다." 다음 세대가 자라 우리의 문제를 해결하길 기다려 봐야 소용이 없다. 세계는 무섭게 빨리 변하고 있다. 세계화와 지속적 연결성은 우리로 하여금 이미 모두 끝났다고 느끼게 만든다. 그러나 그렇지 않다. 구해야 할 자연은 여전히 많이 남아 있고 복원될 수 있는 곳은 훨씬 더 많다. 이 점을 기억하고 행동해야 한다. 생태학은 자연에 미친 사람이나 과학자에게 맡겨질 문제가 아니라 우리 모두가 신경 써야 할 부분이다. 내 삶이 달린 문제이기 때문이다. 소외 계층의 삶을 개선하려는 사회운동가든, 가뭄과 기근으로 황폐해진 국가의 사회 불안을 걱정하는 정치학자든, 아이가 건강하고 번영하는 미래에 살기를 바라는 부모든, 먼저 우리를 부양하는 생태계가 있어야 살 수 있다. 기능하는 생태계가 없이는 우리에게 아무것도 없다.

이 책을 마무리하며 전하고 싶은 가장 중요한 메시지가 하나 있다면, 식물은 생태계의 토대라는 사실이다. 식물은 가장 가까운 별에서 에너지를 가져와 식량을 만듦으로써 유한한 행성을 무한히 개방된 세계로 만들었다. 광합성이 진화하지 않았다면 이곳에서 생명의 형태가 어떻게 달라졌을지 알 수 없다. 식물은 다른 생물에게 먹이를 주고, 그 생물은 또 다른 생물의 먹이가 되어 그렇게 생명의 사슬이 이어진다. 내가 이 책을 쓰는 또 다른 목적은 식물을 하나의 유기체로 인정하는 게 그리 어려운 일이 아님을 보이는 것이었다. 식물을 둘러싼 온갖 감상적인 전통 사상과 신비주의에서 벗어나면, 식물이 세상에서 삶을 유지하고 상호작용하는 방식이 얼마나 매혹적인지 알게 될 것이다. 식물은 지구의 나머지 생물처럼 생존을 위해 투쟁하고 있다. 그리고 땅에 뿌리 박혀 움직이지 못하는 제약 때문에, 번식할 때까지 살아남기 위한 독특하고 황당한 방법들이 진화하도록 압박받았다. 지구에서 식물의 양과 다양함은 곧 식물 애호가들이 식물이 특별한 이유를 탐구하는 데 지루할 새가 없을 거라는 뜻이다.

하여 내 마지막 당부는 다음과 같다. 이 책을 내려놓고 밖으로 나가서 주변 식물을 살펴라. 무엇이 그 식물을 남다르게 하는지 배워라. 무엇보다 그 식물의 이름을 익혀라. 식물의 이름은 발견의 문을 여는 첫 번째 열쇠다. 이름과 함께 그 식물이 어떻게 기능하고, 어디서 살고 싶어 하고, 어떤 다른 생물을 부양하는지 배울 수 있다. 그리고 마침내 친구를 알게 되듯 식물을 알게 되고 매년 그 식물이 돌아오길 기다릴 것이다. 이런 기대와 흥분이 자신을 둘러싼 더 큰 세상을 인식하게 하고, 기후 변화가 저 식물의 생장과 번식에 어떻게 영향을 주는지 깨닫게 될 것이다. 식물이 차지하는 다양한 생태적 위치를 알게 되면, 인간이 그 땅을 빼앗아 차지했을 때 세상이 얼마나 빨리 변하는지도 인지하게 될 것이다. 그렇게 우리는 자신이 사는 곳에 진정한 뿌리를 내리며 다른 생명체와 더 조화롭게 살아가는 법을 터득할 것이다. 미국 작가 에드워드 애비의 말을 빌려 마무리하겠다. "땅을 차지하려고 싸우는 것보다 중요한 것은 그 땅을 즐기는 것이다. 할 수 있을 때, 그 땅이 아직 남아 있을 때 즐겨라."

감사의 말

부모님께 제일 먼저 그리고 가장 큰 감사를 드리고 싶다. 두 분의 끝없는 사랑과 응원이 오늘의 나를 있게 했다. 새라 존슨에게도 고마움을 전한다. 어떤 상황에서도 내 옆에 있어 주었고 내가 스스로를 믿지 못할 때조차 나를 믿어 주었다. 마지막으로 식물과 자연 서식지를 이해하고 보전하려고 피땀과 눈물로 애쓰는 모든 과학자에게 감사한다.

2장

· Cipollini, D., & Cipollini, K. (2016). A review of garlic mustard (Alliaria petiolata, Brassicaceae) as an allelopathic plant. The Journal of the Torrey Botanical Society, 143(4), 339–348.

· Tang, G. D., Ou, J. H., Luo, Y. B., Zhuang, X. Y., & Liu, Z. J. (2014). A review of orchid pollination studies in China. Journal of Systematics and Evolution, 52(4), 411–422.

· Temeles, E. J., & Rankin, A. G. (2000). Effect of the lower lip of Monarda didyma on pollen removal by hummingbirds. Canadian Journal of Botany, 78(9), 1164–1168.

· Whitten, W. M. (1981). Pollination ecology of Monarda didyma, M. clinopodia, and hybrids (Lamiaceae) in the southern Appalachian Mountains. American Journal of Botany, 68(3), 435–442.

· Zhang, H., Li, L., Liu, Z., & Luo, Y. (2010). The butterfly Pieris rapae resulting in the reproductive success of two transplanted orchids in a botanical garden. Biodiversity Science, 18(1), 11–18.

3장

· Breitkopf, H., Onstein, R. E., Cafasso, D., Schlüter, P. M., & Cozzolino, S. (2015). Multiple shifts to different pollinators fuelled rapid diversification in sexually deceptive Ophrys orchids. New Phytologist, 207(2), 377–389.

· Donaldson, J. S. (1997). Is there a floral parasite mutualism in cycad pollination? The pollination biology of Encephalartos villosus (Zamiaceae). American Journal of Botany, 84(10), 1398–1406.

· Epps, M. J., Allison, S. E., & Wolfe, L. M. (2015). Reproduction in flame azalea (Rhododendron calendulaceum, Ericaceae): a rare case of insect wing pollination. The American Naturalist, 186(2), 294–301.

· Fleming, T. H., Sahley, C. T., Holland, J. N., Nason, J. D., & Hamrick, J. L. (2001). Sonoran Desert columnar cacti and the evolution of generalized pollination systems. Ecological

Monographs, 71(4), 511–530.

· Gaskett, A. C., Winnick, C. G., & Herberstein, M. E. (2008). Orchid sexual deceit provokes ejaculation. The American Naturalist, 171(6), E206–E212.

· Gigord, L. D., Macnair, M. R., & Smithson, A. (2001). Negative frequency-dependent selection maintains a dramatic flower color polymorphism in the rewardless orchid Dactylorhiza sambucina (L.) Soo. Proceedings of the National Academy of Sciences, 98(11), 6253–6255.

· Hansen, D. M., Beer, K., & Müller, C. B. (2006). Mauritian coloured nectar no longer a mystery: a visual signal for lizard pollinators. Biology Letters, 2(2), 165–168.

· Heiduk, A., Brake, I., von Tschirnhaus, M., Göhl, M., Jürgens, A., Johnson, S. D., ...& Dötterl, S. (2016). Ceropegia sandersonii mimics attacked honeybees to attract kleptoparasitic flies for pollination. Current Biology, 26(20), 2787–2793.

· Huffman, J. M., & Werner, P. A. (2000). Restoration of Florida Pine Savanna: Flowering Response of Lilium catesbaei to Fire and Roller-Chopping. Natural Areas Journal, 20, 12–23.

· Johnson, S. D., Pauw, A., & Midgley, J. (2001). Rodent pollination in the African lily Massonia depressa (Hyacinthaceae). American Journal of Botany, 88(10), 1768–1773.

· Luo, S. X., Yao, G., Wang, Z., Zhang, D., & Hembry, D. H. (2017). A novel, enigmatic basal leafflower moth lineage pollinating a derived leafflower host illustrates the dynamics of host shifts, partner replacement, and apparent coadaptation in intimate mutualisms. The American Naturalist, 189(4), 422–435.

· Olesen, J. M., & Valido, A. (2003). Lizards as pollinators and seed dispersers: an island phenomenon. Trends in ecology & evolution, 18(4), 177–181.

· Rosenstiel, T. N., Shortlidge, E. E., Melnychenko, A. N., Pankow, J. F., & Eppley, S. M. (2012). Sex-specific volatile compounds influence microarthropod-mediated fertilization of moss. Nature, 489(7416), 431–433.

· Schiestl, F. P. (2005). On the success of a swindle: pollination by deception in orchids. Naturwissenschaften, 92(6), 255–264.

· Schneider, D., Wink, M., Sporer, F., & Lounibos, P. (2002). Cycads: their evolution, toxins, herbivores and insect pollinators. Naturwissenschaften, 89(7), 281–294.

· Sérsic, A. N., & Cocucci, A. A. (1996). A remarkable case of ornithophily in Calceolaria: food bodies as rewards for a nonnectarivorous bird. Botanica Acta, 109(2), 172–176.

· Simon, R., Holderied, M. W., Koch, C. U., & von Helversen, O. (2011). Floral acoustics: conspicuous echoes of a dish-shaped leaf attract bat pollinators. Science, 333(6042), 631–633.

· Smith, J. C. (2009). Pollination by New Zealand geckos (Doctoral dissertation).

· Suinyuy, T. N., Donaldson, J. S., & Johnson, S. D. (2009). Insect pollination in the African cycad Encephalartos friderici-guilielmi Lehm. South African Journal of Botany, 75(4),

682–688.
· Terry, I., Tang, W., Taylor, A., Singh, R., Vovides, A., & Cibrián Jaramillo, A. (2012). An overview of cycad pollination studies.
· Terry, L. I., Roemer, R. B., Walter, G. H., & Booth, D. (2014). Thrips' responses to thermogenic associated signals in a cycad pollination system: the interplay of temperature, light, humidity and cone volatiles. Functional Ecology, 28(4), 857–867.
· von Helversen, D., & von Helversen, O. (1999). Acoustic guide in batpollinated flower. Nature, 398(6730), 759–760.
· von Helversen, D., & von Helversen, O. (2003). Object recognition by echolocation: a nectar-feeding bat exploiting the flowers of a rain forest vine. Journal of Comparative Physiology A, 189(5), 327–336.

4장

· Azuma, A., & Okuno, Y. (1987). Flight of a samara, Alsomitra macrocarpa. Journal of Theoretical Biology, 129(3), 263–274.
· Bobich, E. G. (2005). Vegetative reproduction, population structure, and morphology of Cylindropuntia fulgida var. mamillata in a desert grassland. International Journal of Plant Sciences, 166(1), 97–104.
· Bodley, J. H., & Benson, F. C. (1980). Stilt-Root Walking by an Iriateoid Palm in the Peruvian Amazon. Biotropica, 67–71.
· Gerlach, G. (2011). The genus Coryanthes: a paradygm in ecology. Lankesteriana.
· Horn, M. H., Correa, S. B., Parolin, P., Pollux, B. J. A., Anderson, J. T., Lucas, C., ...& Goulding, M. (2011). Seed dispersal by fishes in tropical and temperate fresh waters: the growing evidence. Acta Oecologica, 37(6), 561–577.
· Hovenkamp, P. H., Van Der Ham, R. W., Van Uffelen, G. A., Van Hecke, M., Dijksman, J. A., & Star, W. (2009). Spore movement driven by the spore wall in an eusporangiate fern. Grana, 48(2), 122–127.
· Jackson, M. B., Morrow, I. B., & Osborne, D. J. (1972). Abscission and dehiscence in the squirting cucumber, Ecballium elaterium. Regulation by ethylene. Canadian Journal of Botany, 50(7), 1465–1471.
· Junghans, T., & Fischer, E. (2008). Aspects of dispersal in Cymbalaria muralis (Scrophulariaceae). Botanische Jahrbücher, 127(3), 289–298.
· Karlin, E. F., & Andrus, R. E. (1995). The sphagna of Hawaii. Bryologist, 235–238.
· Lewanzik, D., & Voigt, C. C. (2014). Artificial light puts ecosystem services of frugivorous bats at risk. Journal of Applied Ecology, 51(2), 388–394.
· Mallón, R., Barros, P., Luzardo, A., & González, M. L. (2007). Encapsulation of moss buds: an

efficient method for the in vitro conservation and regeneration of the endangered moss Splachnum ampullaceum. Plant Cell, Tissue and Organ Culture, 88(1), 41–49.

· Rolena, A. J., Paetkau, M., Ross, K. A., Godfrey, D. V., Church, J. S., & Friedman, C. R. (2015). Thermogenesis-triggered seed dispersal in dwarf mistletoe. Nature Communications, 6(1), 1–5.

· Smith, B. W. (1950). Arachis hypogaea. Aerial flower and subterranean fruit. American Journal of Botany, 802–815.

· Swaine, M. D., & Beer, T. (1977). Explosive seed dispersal in Hura crepitans L. (Euphorbiaceae). New Phytologist, 78(3), 695–708.

· Western, T. L. (2012). The sticky tale of seed coat mucilages: production, genetics, and role in seed germination and dispersal. Seed Science Research, 22(1), 1.

· Warren, R. J., Elliott, K. J., Giladi, I., King, J. R., & Bradford, M. A. (2019). Field experiments show contradictory short-and long-term myrmecochorous plant impacts on seed-dispersing ants. Ecological Entomology, 44(1), 30–39.

5장

· Eshbaugh, W. H. (1987). Plant-ant relationships and interactions—Tillandsia and Crematogaster. Proceedings of the Second Symposium on the Botany of the Bahamas, 7–11.

· Frederickson, M. E., & Gordon, D. M. (2007). The devil to pay: a cost of mutualism with Myrmelachista schumanni ants in 'devil's gardens' is increased herbivory on Duroia hirsuta trees. Proceedings of the Royal Society B: Biological Sciences, 274(1613), 1117–1123.

· Gilliam, F. S. (2019). Response of herbaceous layer species to canopy and soil variables in a central Appalachian hardwood forest ecosystem. Plant Ecology, 220(12), 1131–1138.

· Hewitt, R. E., & Menges, E. S. (2008). Allelopathic effects of Ceratiola ericoides (Empetraceae) on germination and survival of six Florida scrub species. Plant Ecology, 198(1), 47–59.

· Huxley, C. R. (1978). The ant-plants Myrmecodia and Hydnophytum (Rubiaceae), and the relationships between their morphology, ant occupants, physiology and ecology. New Phytologist, 80(1), 231–268.

· Koch, G. W., Sillett, S. C., Jennings, G. M., & Davis, S. D. (2004). The limits to tree height. Nature, 428(6985), 851–854.

· Maccracken, S. A., Miller, I. M., & Labandeira, C. C. (2019). Late Cretaceous domatia reveal the antiquity of plant-mite mutualisms in flowering plants. Biology Letters, 15(11), 20190657.

· O'Dowd, D. J., & Willson, M. F. (1997). Leaf domatia and the distribution and abundance of foliar mites in broadleaf deciduous forest in Wisconsin. American Midland Naturalist, 337–348.

· Ohse, B., Hammerbacher, A., Seele, C., Meldau, S., Reichelt, M., Ortmann, S., & Wirth, C. (2017). Salivary cues: simulated roe deer browsing induces systemic changes in phytohormones and defence chemistry in wild-grown maple and beech saplings. Functional Ecology, 31(2), 340–349.

· Orrock, J., Connolly, B., & Kitchen, A. (2017). Induced defences in plants reduce herbivory by increasing cannibalism. Nature Ecology & Evolution, 1(8), 1205–1207.

· Reeves, R. D., van der Ent, A., & Baker, A. J. (2018). Global distribution and ecology of hyperaccumulator plants. In Agromining: farming for metals (pp. 75–92). Springer, Cham.

· Weber, R. A. (1891). RAPHIDES, THE CAUSE OF THE ACRIDITY OF CERTAIN PLANTS. Journal of the American Chemical Society, 13(7), 215–217.

6장

· Adamec, L. (2007). Oxygen concentrations inside the traps of the carnivorous plants Utricularia and Genlisea (Lentibulariaceae). Annals of Botany, 100(4), 849–856.

· Anderson, B. (2005). Adaptations to foliar absorption of faeces: a pathway in plant carnivory. Annals of Botany, 95(5), 757–761.

· Bradshaw, W. E., & Creelman, R. A. (1984). Mutualism between the carnivorous purple pitcher plant and its inhabitants. American Midland Naturalist, 294–304.

· Cheek, M. (1988). 99. Sarracenia psittaceina: Sarraceniaceae. The Kew Magazine, 5(2), 60–65.

· Clarke, C. M., Bauer, U., Lee, C. I. C., Tuen, A. A., Rembold, K., & Moran, J. A. (2009). Tree shrew lavatories: a novel nitrogen sequestration strategy in a tropical pitcher plant. Biology Letters, 5(5), 632–635.

· Fukushima, K., Fang, X., Alvarez-Ponce, D., Cai, H., Carretero-Paulet, L., Chen, C., ...& Hoshi, Y. (2017). Genome of the pitcher plant Cephalotus reveals genetic changes associated with carnivory. Nature Ecology & Evolution, 1(3), 1–9.

· Grafe, T. U., Schöner, C. R., Kerth, G., Junaidi, A., & Schöner, M. G. (2011). A novel resource-service mutualism between bats and pitcher plants. Biology Letters, 7(3), 436–439.

· Koller-Peroutka, M., Lendl, T., Watzka, M., & Adlassnig, W. (2015). Capture of algae promotes growth and propagation in aquatic Utricularia. Annals of Botany, 115(2), 227–236.

· Kurup, R., Johnson, A. J., Sankar, S., Hussain, A. A., Kumar, C. S., & Sabulal, B. (2013). Fluorescent prey traps in carnivorous plants. Plant Biology, 15(3), 611–615.

· Legendre, L. (2000). The genus Pinguicula L. (Lentibulariaceae): an overview. Acta Botanica Gallica, 147(1), 77–95.

· Moran, J. A., Clarke, C. M., & Hawkins, B. J. (2003). From carnivore to detritivore? Isotopic evidence for leaf litter utilization by the tropical pitcher plant Nepenthes ampullaria.

International Journal of Plant Sciences, 164(4), 635–639.

· Moran, J. A., Merbach, M. A., Livingston, N. J., Clarke, C. M., & Booth, W. E. (2001). Termite prey specialization in the pitcher plant Nepenthes albomarginata—evidence from stable isotope analysis. Annals of Botany, 88(2), 307–311.

· Płachno, B. J., Adamus, K., Faber, J., & Kozłowski, J. (2005). Feeding behaviour of carnivorous Genlisea plants in the laboratory. Acta Botanica Gallica, 152(2), 159–164.

· Poppinga, S., Hartmeyer, S. R. H., Seidel, R., Masselter, T., Hartmeyer, I., & Speck, T. (2012). Catapulting tentacles in a sticky carnivorous plant. PLOS One, 7(9), e45735.

· Schulze, W. X., Sanggaard, K. W., Kreuzer, I., Knudsen, A. D., Bemm, F., Thøgersen, I. B., …& Escalante-Perez, M. (2012). The protein composition of the digestive fluid from the venus flytrap sheds light on prey digestion mechanisms. Molecular & Cellular Proteomics, 11(11), 1306–1319.

· Williams, S. E., & Pickard, B. G. (1980). The role of action potentials in the control of capture movements of Drosera and Dionaea. In Plant Growth Substances 1979 (pp. 470–480). Springer, Berlin, Heidelberg.

7장

· Calladine, A., & Pate, J. S. (2000). Haustorial structure and functioning of the root hemiparastic tree Nuytsia floribunda (Labill.) R. Br. and water relationships with its hosts. Annals of Botany, 85(6), 723–731.

· Gibson, C. C., & Watkinson, A. R. (1992). The role of the hemiparasitic annual Rhinanthus minor in determining grassland community structure. Oecologia, 89(1), 62–68.

· Hynson, N. A., Madsen, T. P., Selosse, M. A., & Merckx, V. S. F. T. (2013). Mycoheterotrophy: the biology of plants living on fungi.

· Mauseth, J. D., Montenegro, G., & Walckowiak, A. M. (1984). Studies of the holoparasite Tristerix aphyllus (Loranthaceae) infecting Trichocereus chilensis (Cactaceae). Canadian Journal of Botany, 62(4), 847–857.

· Mauseth, J. D., & Rezaei, K. (2013). Morphogenesis in the Parasitic Plant Viscum minimum (Viscaceae) Is Highly Altered, Having Apical Meristems but Lacking Roots, Stems, and Leaves. International Journal of Plant Sciences, 174(5), 791–801.

· Mescher, M. C., Runyon, J., & De Moraes, C. M. (2006). Plant host finding by parasitic plants: a new perspective on plant to plant communication. Plant Signaling & Behavior, 1(6), 284–286.

· Overton, J. M. (1997). Host specialization and partial reproductive isolation in desert mistletoe (Phoradendron californicum). The Southwestern Naturalist, 201–209.

· Sinclair, W. T., Mill, R. R., Gardner, M. F., Woltz, P., Jaffré, T., Preston, J., …& Möller, M. (2002).

Evolutionary relationships of the New Caledonian heterotrophic conifer, Parasitaxus usta (Podocarpaceae), inferred from chloroplast trnL-F intron/spacer and nuclear rDNA ITS2 sequences. Plant Systematics and Evolution, 233(1–2), 79–104.
· Smith, D. (2000). The population dynamics and community ecology of root hemiparasitic plants. The American Naturalist, 155(1), 13–23.
· Yang, Z., Wafula, E. K., Kim, G., Shahid, S., McNeal, J. R., Ralph, P. E., ...& Person, T. N. (2019). Convergent horizontal gene transfer and cross-talk of mobile nucleic acids in parasitic plants. Nature Plants, 5(9), 991–1001.
· Wickett, N. J., & Goffinet, B. (2008). Origin and relationships of the myco-heterotrophic liverwort Cryptothallus mirabilis Malmb. (Metzgeriales, Marchantiophyta). Botanical Journal of the Linnean Society, 156(1), 1–12.

8장

· Borer, E. R. Conservation Assessment for Eryngium Root Borer (Papaipema eryngii).
· Burghardt, K. T., Tallamy, D. W., & Gregory Shriver, W. (2009). Impact of native plants on bird and butterfly biodiversity in suburban landscapes. Conservation Biology, 23(1), 219–224.
· Fadrique, B., Baez, S., Duque, A., Malizia, A., Blundo, C., Carilla, J., ...& Malhi, Y. (2019). Widespread but heterogeneous responses of Andean forests to climate change (vol 564, pg. 207, 2018). Nature, 565(7741), E10–E10.
· Fusco, E. J., Finn, J. T., Balch, J. K., Nagy, R. C., & Bradley, B. A. (2019). Invasive grasses increase fire occurrence and frequency across US ecoregions. Proceedings of the National Academy of Sciences, 116(47), 23594–23599.
· Keeley, J. E., & Bond, W. J. (1999). Mast flowering and semelparity in bamboos: the bamboo fire cycle hypothesis. The American Naturalist, 154(3), 383–391.
· Pokladnik, R. J. (2008). Roots and remedies of ginseng poaching in central Appalachia (Doctoral dissertation, Antioch University).
· Randriamalala, H., & Liu, Z. (2010). Rosewood of Madagascar: Between democracy and conservation. Madagascar Conservation & Development, 5(1).
· Sanders, S., & McGraw, J. B. (2005). Harvest recovery of goldenseal, Hydrastis canadensis L. The American Midland Naturalist, 153(1), 87–94.
· Vardeman, E., & Runk, J. V. (2020). Panama's illegal rosewood logging boom from Dalbergia retusa. Global Ecology and Conservation, e01098.
· Willis, K. J. (2017). State of the World's Plants Report-2017. Royal Botanic Gardens.

식물을 위한 변론

무자비하고 매력적이며 경이로운 식물 본성에 대한 탐구

1판 1쇄 인쇄 2022년 9월 20일
1판 1쇄 발행 2022년 9월 25일

지은이 맷 칸데이아스
옮긴이 조은영

발행인 황민호
본부장 박정훈
책임편집 김순란
기획편집 한지은 강경양 김사라
마케팅 조안나 이유진 이나경
국제판권 이주은 한진아
제작 심상운

발행처 대원씨아이㈜
주소 서울특별시 용산구 한강대로15길 9-12
전화 (02)2071-2017
팩스 (02)749-2105
등록 제3-563호
등록일자 1992년 5월 11일

ISBN 979-11-6944-048-6 (03480)